子育てを変えれば脳が変わる こうすれば脳は健康に発達する

大是文化

我是醫師 我的孩子 不上才藝班

排滿安親、才藝課導致孩子拒絕學習。
成長需要「三大腦」，
不用超前學習就能辦到。

小兒科醫生、腦神經科學家
日本教養諮詢專家
成田奈緒子 著

黃怡菁 譯

CONTENTS

第一章 學齡前，培養體能腦——045

第二章 與其送安親才藝班，不如當鑰匙兒童——085

第三章 心智腦，韌性強不易衝動——131

第四章 青春叛逆期，重新育腦——169

推薦序

「我知道老師說得對，但我還是很焦慮……。」

親子專欄作家／張祐嘉（楊陽）

我常在文章中或受訪時提及，超前操練考試的效果很少能成功延續到高中，並舉一位名校學生的經歷給這類家長參考。這位學生從小超前學習，考上名校後，月考卻只剩二十九分。他棄學英文，因打開書，只覺得噁心，最後連月考都不考。

然而，這樣的故事不是個案。走進名校教室，可能有一半以上的學生棄學英文。

但因網路教養資訊刺激，仍有家長焦慮的問我，低年級的孩子每天該背多少單字或怎麼練英文作文。

每當我分享這些警世故事，強調孩子學習感受的重要性，並強調正常、有序的學習節奏最有效，卻還是會收到類似訊息：

「我知道老師說得對，但看到網路上的『神童』，我還是很焦慮，怕自己會害了孩子。」

網路上充斥著大量「晒神童」的資訊，迫使家長出於無奈，明知失敗率高，仍採取了考試導向教育。

這些從小被灌輸「學習就是為了贏過別人」的孩子，還尚未認識世界，便開始瘋狂的加入分數競賽。教養者一不慎，便將「超前填鴨」美化成「超前學習」。

上述這一切，像是無限循環，在我眼前一演就是二十年。

為了敲醒家長，我常直白的問：「以考試為導向的學習，沒有分數就不算數的學習，怎麼會是學習呢？」

得到的回應，總是一陣靜默。

《我是醫師，我的孩子不上才藝班》為我在教育現場的第一線觀察，提供了確切的理論基礎——**厭惡學習的原因，其實源自於失控的教養節奏**。我並不反對才藝班，但正如作者成田奈緒子所述，真正的問題在於，希望孩子成為「神童」的「競爭心態」，才藝班只是讓家長們的焦慮得以外顯的場域。學生們也常說，為了滿足爸媽對分數的要求，他們讀英文異常痛苦。

本書作者分享了醫生媽媽的觀點，並深入探討孩子為何越學越痛恨學習。為了協助家長理解孩子大腦的發展，找回教養節奏感、降低棄學風險，她更提出體能腦、智能腦及心智腦三個發展順序，詳述從嬰幼兒時期到青少年的教養時程。

本書文字淺顯易懂、步驟明確清晰，搭配圖表和案例，幫助家長了解孩

、
子不同階段的大腦發展特點，進而採取適當的教育方式。
相信本書提供的育兒理念和方法，能讓家長在陪伴孩子成長的過程中，享受親子互動的樂趣，並幫助孩子們在幸福中成長。

前言
我是醫師，我的孩子不上才藝班

「希望孩子能健康長大。」
「希望孩子能發揮天賦，取得好成果。」
「希望孩子的身心靈都能健康成長，越來越茁壯。」

天下父母心，相信所有父母一定都懷抱著諸如此類的希望。也正因為如此，不少家長在養育孩子時不只勞心勞力，即便承受沉重的經濟壓力，也會咬牙付出，只為了能多一點資源給孩子。

但是，你可曾想過，這種育兒方式其實並不全然正確。

我身為腦神經科學家、小兒科醫生，針對孩童的大腦發育已深入研究多年，並透過長時間的研究與觀察，獲得了大量的資訊與數據，我發現：**按照大腦順序發展，才是正確的育兒方式**。

如此簡潔扼要的一句話，正是我一直以來的信念。

而我秉持著育兒首重大腦發育的理念，自二〇一四年開始，擔任親子支援計畫機構「育兒科學軸心」的執行董事暨講師，全力支援所有為育兒煩惱的父母們。

在接觸各式個案的過程中，我深切的感受到，很多父母在育兒時並沒有按照大腦發展的順序。

舉例來說，有些媽媽會因為想讓孩子與爸爸多相處，刻意不讓小孩早點上床睡覺；甚至爸爸加班晚歸，媽媽也要孩子等爸爸回家哄睡。

還有父母希望孩子贏在起跑點，讓子女從兩歲就開始超前學習；也有些父母因為不知道孩子有哪些天賦，因此在小學階段就大量安排各種不同的才藝課。

這些案例中的父母，其出發點都是為了孩子好，毋庸置疑。只是很可惜，這樣非但沒有好處，甚至反而阻礙孩子的健康與發展。

看到我這麼說，或許各位家長會非常困惑：「難道我不應該費心教育小孩嗎？」

希望各位家長不要誤會，我想要傳達的真正意思是：「育兒可以更輕鬆，親子生活可以更快樂！」

怎麼做？很簡單，那就是——

「在孩子五歲前，建立起早睡早起的習慣！」

就是這麼簡單，不只可以讓孩子身心健康發展，在學習方面也能有出色表現。

近年來，隨著雙薪家庭的增加，有越來越多家長擔心自己沒有時間照顧小孩。許多家長更因此認為，既然沒時間，就應該多花錢給孩子最好的教育，但其實根本沒必要。

本書所要討論的主題——「育兒＝育腦」，完全不需要再花費任何勞力與金錢。

我自己也是一名在職場奮鬥的媽媽，也曾度過所謂的偽單親，但是在養育女兒的過程中，我從未感到身心耗竭、精疲力盡，也從未有過財務壓力。我的女兒非常健康，現在她已經成年，並且和我一樣，以成為一名醫師為目標而努力。

我希望大家都能了解「育兒＝育腦」的觀念與方法。

這不只是為了孩子的健康，更是為了讓他們在幸福中成長。更重要的是，這能卸下父母肩頭上的重擔。

我明白在育兒的路上，家長們常會陷入「應該這麼做」的迷思，但事實上，我更希望家長們只要做好該做的事，育兒就能更順利。

我衷心盼望，這本書能為現代父母指點迷津，並且為孩子的健康與成長帶來最強力的支持。

本書所列舉的案例，為保護當事人的個資與隱私，在不影響主旨下，做了些許改編及調整，尚祈諒解。

序　章

比學才藝
更重要的事

手上正拿著這本書的你，想必已讀過無數本坊間的育兒指南、親子教養書籍。

在市面上，這類書籍琳瑯滿目，但站在學術研究者的科學角度來看，這類書籍的內容大都過於抽象，而且標題都很廣泛。

例如：給予孩子滿滿的愛、要多稱讚孩子。

給予孩子滿滿的愛固然是好事，但到底要做些什麼、做到什麼程度，沒有具體的條件或範例，只會讓人摸不著頭緒。

也正因為如此，許多家長們很容易陷入迷惘而不自知，甚至做出錯誤的選擇。

盡量滿足孩子的願望，想要什麼都買給他；跟爸爸親近也很重要，所以爸爸晚歸也要叫孩子起床，諸如此類的錯誤做法，大都是因為家長沒有正確的教養觀念所導致。

育兒是一種科學

在日本，核心家庭[1]越來越普遍，有的家庭只有夫婦兩人，或是再加上一位子女，因此其實很難有第三方的意見與建議，例如祖父母輩的經驗談或後援。

再加上，由於少子化日益嚴重，幼年人口逐漸減少[2]，家長能夠參考的教養範例也變得有限，家庭之間互相交流的機會自然也不比以前多。

在這樣的時空背景之下，能發揮影響力的，就是網路社群媒體。

在網路上，幾乎每天都可以看到有人發文，分享自己花費多少時間與金

1. Nuclear family，指以異性婚姻或同性婚姻為基礎，其父母與未婚子女共同生活的家庭。
2. 根據中央情報局（Central Intelligence Agency，簡稱CIA）公布二〇二四年全球生育率預測，臺灣每一名婦女一生平均生育一．一一個，日本則是一．四個。

錢來養育孩子，甚至相當引以為傲。年輕的新手媽媽看到這些文章趨之若鶩，這股風潮令我感到非常擔憂。

此外，日本的教育體制也是問題之一。在現行國高中教育課綱中，完全沒有提到育兒、發展心理學等相關知識。我認為，學校若能在國高中階段導入相關課程，讓學子早一點接觸，等到將來他們為人父母時，就不會宛如一張白紙，驚慌失措。

有鑑於此，傳遞育兒知識所需要的，並非既主觀又抽象的心法，而是正確的科學知識。

育兒的正確知識，其實一點都不困難，**關鍵就在於：建立早睡早起的生活節奏**。

這做法看似簡單，卻能使孩子的身心得以健全發展；孩子成長茁壯，就是父母給予滿滿的愛的最佳證明。

體能腦、智能腦、心智腦，按順序發展

如前面所述，本書所提倡的育兒方式，是**按照大腦順序發展**。

那麼，大腦發展的順序是什麼？

讓我們先介紹大腦的構造與機能，以及相對應的培育方式。

首先，大腦可分成三種類型。

如第二十五頁圖表0-1所示，分成體能腦、智能腦、心智腦。

第一個，體能腦，專司手腳協調、睡眠、食慾、呼吸、情緒、性慾等機能，還包括負責自律功能調節及心臟、內臟運作等。

人的大腦，主要由邊緣系統（limbic system，指包含海馬體及杏仁體在內，支援情緒、行為及長期記憶的結構）、間腦[3]（diencephalon，包括視

丘、下視丘）和腦幹（brainstem，包括中腦、橋腦、延腦）所組成。

具體來說，體能腦就是主掌生物維持生命的身體機能，例如睡覺、醒來、站立、坐下、進食與呼吸等。

第二個，智能腦，專司智能、語言、知覺、情感、精細動作（手指的靈活度及細部動作等），也就是大腦新皮質（neocortex）主掌的功能。

當孩子開始發展智能腦，家長會發現孩子越來越會讀書、很會運動，或是手指的動作更靈活，語言能力也有所進步。

第三個，心智腦，專司邏輯思考、解決問題的能力、想像力及判斷力等，這類更具彈性的能力。

心智腦則是由智能腦當中的前額葉（frontal lobe），以及連結體能腦的

---

3. 位於兩個大腦半球之間。

圖表 0-1　大腦發展分 3 階段

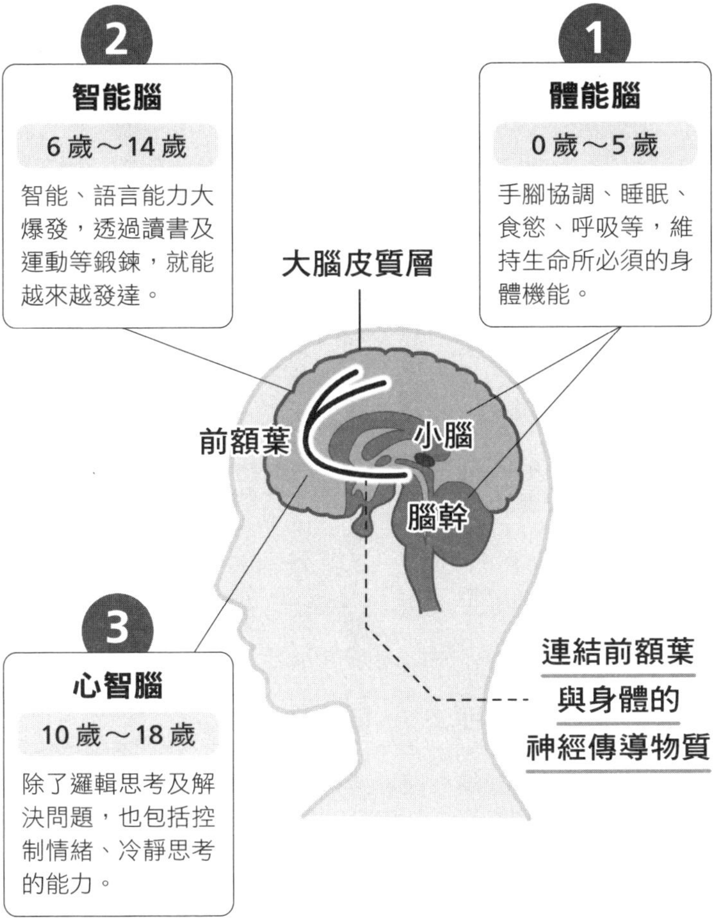
2
智能腦
6 歲～14 歲
智能、語言能力大爆發，透過讀書及運動等鍛鍊，就能越來越發達。
1
體能腦
0 歲～5 歲
手腳協調、睡眠、食慾、呼吸等，維持生命所必須的身體機能。
大腦皮質層
前額葉
小腦
腦幹
3
心智腦
10 歲～18 歲
除了邏輯思考及解決問題，也包括控制情緒、冷靜思考的能力。
連結前額葉
與身體的
神經傳導物質

神經傳導物質所組成（按：神經傳導物質在前額葉皮層和與體能相關的腦區之間傳遞信號，協助大腦協調心理和生理功能）。

基本上，驅動人心、促使人類採取行動的元素有兩個，一個是「情動」（affect），一個是「情感」（左頁圖表0-2）。

情動，指的是憤怒、不安、恐懼等，面對外部刺激所產生的生物原始反應，也就是所謂的喜怒哀樂。而會產生情動，則是出自於生物的生存本能。最典型的例子就是，當我們感受到危險或恐懼時，大腦會判斷快逃，或是認為對方有威脅性，因而做出攻擊的反應。

另一方面，情感則是指觀察環境並考慮周圍其他人，進而判斷自己該採取何種行動，並因此衍生出安心、喜悅、好意、自制心，甚至同理心等心理狀態。

基本上，動物都是依循情動行動，但人類就不一樣了。要在人類社會中生存，就必須擁有高度社會化的能力。倘若只因憤怒或衝動等情緒就任意行

圖表 0-2　情動和情感的差異

●只有情動

指喜怒哀樂，面對
外部刺激所產生的
生物原始反應。

●情動＋情感

觀察環境並考慮周
圍其他人情感，進
而判斷自己該採取
何種行動。

動，不僅會失去信用，甚至還有可能構成犯罪行為。

此時，情感便派上用場。情感能幫助我們在面對憤怒、衝動等反射性情緒時，透過冷靜思考和判斷，把負面情緒轉化成安心、喜悅等情緒，並促使大腦思考「該怎麼做才對」，進而採取更加合理的舉動。

主掌情動與情感的重要控制臺，也就是心智腦的**所屬領域**——**前額葉**。當心智腦越來越發達，孩子控制情緒的能力也會愈加成熟，並且能冷靜思考。

與此同時，隨著情緒管理能力的提升，孩子的同理心與溝通能力也會逐漸成熟。

順序錯誤，超前學習也沒用

那麼，大腦發育的正確順序究竟是什麼？

首先，我們必須重視體能腦的發育。

體能腦的功能與維持生命密切相關，例如：睡眠、食慾、呼吸等。由情緒驅動的行為通常是為了保護自己，而性慾則是生存的動力之一。其他像是，手腳協調、站立、坐下等基本動作，還有自律神經、血液循環、體溫調節、心臟和內臟的運作，也都是由體能腦掌管。

體能腦，就是人體內部各種器官的控制中心。

體能腦之後，接著是主掌更高階機能的智能腦。

例如：數字計算、閱讀、語言表達、利用五感辨識外部訊息的知覺、細膩的情緒起伏，甚至是手指頭細微的動作等。

一說到大腦，大多數人都會聯想到智能或語言，並且認為很重要，但其實這與體能腦主掌的生命機能截然不同，頂多只能算是附加功能。

大多數的父母都希望孩子儘早發展智能，但事實上，研究已證實，主掌人類基本動作的**體能腦發育得越好，智能腦也會更加發達**；反之，若體能腦未能充分發育，智能腦也培育不起來。

因此，我認為家長必須了解，**讓孩子的體能腦好好成長，才是育兒的首要任務**。因為這代表得**先讓孩子的生存能力順利成形，才能接著發展其他的能力**。

最後一個是心智腦。

智能腦所蓄積的大量知識、資訊等，必須先經過前額葉的整合，心智腦最後才能發展成形。

具體來說，心智腦會篩選蓄積在智能腦中的知識及資訊，留下必要的、捨棄不必要的；然後，再透過神經傳導訊息，促進心智腦的發展。也因此，智能腦發育得越好，心智腦就發展得越好。

亦即，大腦的發展順序是：體能腦→智能腦→心智腦。

這個發展順序，若用蓋房子來做比喻的話，房子的一樓是體能腦，二樓是智能腦，而連接一樓與二樓的階梯就是心智腦（左頁圖表0-3）。

圖表 0-3　3 種大腦的發育順序

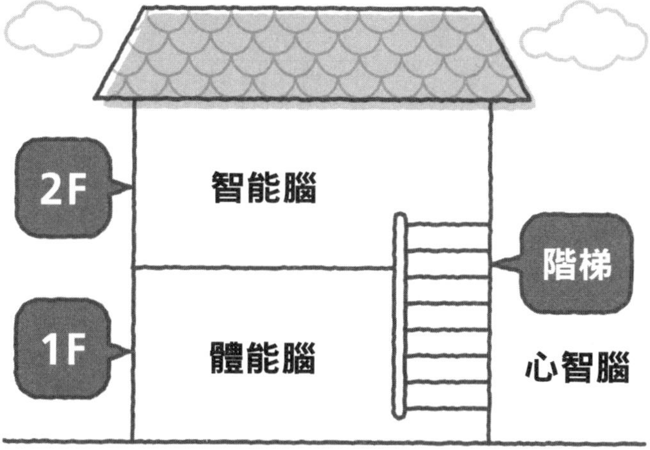

為什麼要比喻成蓋房子？

所有建築物，毫無例外都是由下往上蓋，絕對不可能先蓋二樓。

人類的大腦發育就跟蓋房子一樣，必須從一樓開始打地基。甚至可以說，體能腦先發育之後，智能腦才會發育。

至於階梯，當然是等一樓蓋好、二樓也蓋好之後，才能搭起連結兩層樓的階梯。事實上，心智腦要發達，必須透過智能腦中的前額葉，與連結體能腦的神經傳導機制。

所以，先培育體能腦、智能腦，最後才是心智腦，這就是我說的——按照大腦的發展順序來育兒。

沒有按照大腦發展的順序，就像蓋房子不可能先蓋二樓一樣，希望大家務必牢記於心。

三階段，輕鬆養成小學霸

體能腦、智能腦、心智腦，分別要在幾歲開始培育比較好？關於這點，嬰兒是最好的例子。

剛出生的小嬰兒，連體能腦都尚未健全，可說是什麼都沒有、一個全新的生命。畢竟小嬰兒連站立、坐著、翻身，這些動作還不熟練。

此外，嬰兒沒有晝夜之分，半夜每兩個小時就會哭醒[4]，讓父母不能好好睡覺，這是因為小寶寶尚未建立規律作息。而寶寶哭鬧最常見的原因——因肚子餓而哭鬧，也是由於進食還不夠穩定的關係。

事實上，嬰兒連呼吸都不規則。新生兒很容易發生十秒到十五秒的呼吸暫停，也因為自律神經尚未成熟，還無法好好調節體溫。

但是，體能腦在寶寶出生之後，就會以飛快的速度成長。

寶寶出生後三個月到四個月，首先會抬頭，五個月到六個月會翻身，七個月左右會坐，九個月左右會說掰掰，一歲多則開始學會站立；僅花費一年就具備了手腳協調、維持身體姿勢等基本動作。

規律進食也是，寶寶一歲後就能開始一日三餐，睡眠也能依循白天及黑夜建立起規律循環。新生兒呼吸暫停的狀況在四個月左右就會消失，一歲半

4. 一般來說，寶寶約一歲以前會睡過夜。

左右就能靠著穿脫衣物來調節體溫。

體能腦發育之後，接著就是智能腦。若說寶寶出生之後，才開始發展體能腦，智能腦肯定是更落後的。在這個階段，想當然耳，小寶寶還不具備以下能力：會話、計算、手指的細部動作等。

智能腦的發展，大約從寶寶一歲左右開始，首先是會開口說話。兩歲左右能摺紙、三歲能使用安全剪刀；上小學之後，孩子則可漸漸掌握數字計算、寫作文等技能。

像這樣，智能腦會逐漸發展成熟，一直到十八歲都還會持續成長。

最後是心智腦，約十歲左右才會開始成長。也因此，小孩子不懂所謂的同理心、體貼都很正常。

一般來說，大概要到**小學高年級，才會開始漸漸懂事，上了國中以後，情動與情感才會產生連結**。

關於三種腦會在何時、幾歲、以什麼樣的形式發育，我在後面章節會再詳細說明。

說起來，大腦的發育到底是指什麼？

我們不妨先來聊聊大腦發育時腦內的狀況。

新生兒尚未發育成熟的腦，與成年人已發育成熟的腦，究竟差在哪？

其關鍵就在於**神經細胞**。

人類的頭腦（大腦皮質），是由多達一百五十億到兩百億、數以千億計的神經細胞[5]（nerve cell，即神經元）所組成。

足月出生的寶寶，其神經細胞的數量就與成年人幾乎相同，而且是在母親懷胎時就已經存在於大腦，出生以後也不會再增加。

然而，神經細胞彼此的連結，其發展卻天差地別。

5. 人類大腦內部約有八百六十億個神經元，其中大腦皮質約占二〇%。

神經細胞的中心有一個「星形」的核，在這個星形核的每個尖端處都有著像觸手般的突出物，稱之為「突觸」（synapse）。

這些突觸彼此互相連結，形成神經網絡（neural network），如此才能靠著腦神經之間的訊息傳遞，並促進大腦發展。

剛出生的小寶寶，腦內的神經細胞幾乎完全沒有連結；但是隨著時間成長，突觸連結愈發茁壯，最後形成綿密且高效能的神經網絡，大腦的發育也會越來越成熟。

雖然將近兩百億的神經細胞全部連結起來，會形成強大細密的神經網絡，但事實上，大多數成年人的大腦，頂多只有一半的神經細胞會連結成神經網絡。也就是說，成年人的大腦仍具有可塑性。

據說腦神經細胞，一直到人類死亡都還會不斷重組。我們甚至可以說，大腦是人體唯一直到死亡都還能持續成長的器官。

儘管如此，五歲以前的嬰幼兒期仍是大腦可塑性的高峰期，而且需要付出最多心力。

在這個階段，**給予孩子越多的成長養分與學習刺激，神經細胞突觸連結得越密越廣，大腦的可塑性就會越強。**

大腦發育關鍵：血清素

在我們的大腦裡，遍布著各式各樣的神經細胞，需要彼此連結才能發揮作用。

腦神經細胞之間的訊息傳遞與突觸連結，則與神經傳導物質密不可分。**血清素（Serotonin）便是其中之一，能為體能腦、智能腦、心智腦，帶來正面影響**（見第三十九頁圖表0-4）。

首先，神經傳導物質血清素的據點，就在體能腦。

在體能腦中，有數個名為縫核（raphe nuclei，位於腦幹中央及兩側）的構造，而血清素就大量存在於縫核之中。血清素主要透過神經突觸傳導到大腦皮質層，再經由腦神經細胞對大腦傳遞各種訊息。

血清素作用的範圍非常廣泛，尤其在體能腦中的含量最高。就像建築工人要先蓋好地基，才能建造房子一樣，它在人體內扮演著調節睡眠、進食、呼吸、情動、自律神經等機能的重要角色，為體能腦提供最強力的支持。

另外，由於大腦皮質層及神經突觸間的含量也很高，不僅能強化大腦的認知與記憶程度，還能有效支援智能腦的運作。

更重要的是，血清素在心智腦也具有關鍵作用，透過神經突觸可以促進前額葉的運作，讓情動與情感的連結更加順暢。大腦前額葉是負責掌握行為和情感的重要區域，當我們產生不安或恐懼的情緒時，前額葉可以控制這些情緒，讓我們得以保持冷靜及判斷力。

寶寶剛生下來時，體內的血清素尚未開始發揮作用。但血清素與神經細胞一樣，從新生兒到五歲的嬰幼兒期階段，在神經細胞透過突觸開始產生大

圖表 0-4 血清素的作用

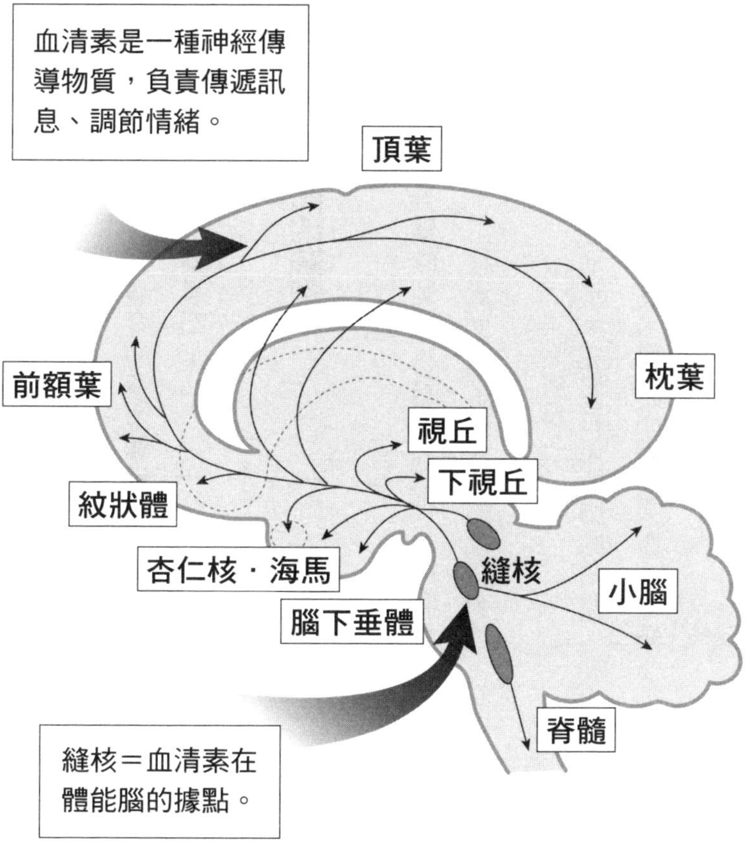
血清素是一種神經傳導物質，負責傳遞訊息、調節情緒。
頂葉
前額葉
枕葉
視丘
下視丘
紋狀體
杏仁核・海馬
縫核
小腦
腦下垂體
脊髓
縫核＝血清素在體能腦的據點。

量連結的同時，血清素也會急速增加並運作。容我再度強調，這個時期就是家長最需要投注心力的黃金關鍵期。

那麼，具體來說，在大腦發育的黃金關鍵期，家長到底該怎麼投注心力最有效？就讓我來告訴各位讀者吧！

刺激五感，促進體能腦

透過感官，也就是五感的刺激，是最有效促進神經細胞連結的方法。專家透過大鼠實驗，已證實反覆給予大量的感官刺激，有助於神經細胞的連結發展。

體能腦就像是蓋房子打地基，在培育體能腦的階段，能否給予寶寶各種感官刺激就格外重要。這是因為，對於小寶寶來說，五感是他們唯一能接收到的刺激（見第四十二頁圖表0-5）。

例如視覺。小寶寶還不會說話，也無法閱讀書本及文章，更無法理解細微的顏色或外觀上的差異。但像是光線的明暗，小寶寶就能明確感受到，或是辨識簡單的色塊。

聽覺也是如此。雖然小寶寶聽不懂對話內容，也無法理解歌曲的旋律，但是他們能感受音量大小、高音或低音，也能分辨什麼是聽了會舒服、不舒服的聲音。嗅覺、觸覺、味覺，也是同樣的道理。

讓幼兒反覆透過五感接收大量的刺激，就能讓體能腦日漸茁壯。

在五感的刺激中，最重要的是：視覺刺激。

早晨就應該多接觸光線，感受陽光帶來的刺激。晚上天黑了之後，就該讓寶寶感受沒有光線的狀態。

也就是說，透過培養早睡早起的習慣，讓晝行性生物（按：指動物或植物在白晝比較活躍，在夜晚有一段睡眠或是不活躍的時間）的人類建立起規律作息。

圖表 0-5　提升體能腦的方法

刺激五感，促進體能腦	
1	早上晒太陽，晚上早點睡覺。
2	每日三餐要固定時間。
3	面對孩子時，表情要豐富、聲音要明亮。

有了規律作息，就能促進血清素與神經突觸的連結及運作。

其他刺激也很重要，如下：

- 規律的進食（哺乳），意即規律的讓寶寶接收嗅覺與味覺的刺激。
- 常常對著寶寶說話，透過大人的音量及臉部表情，讓寶寶接收視覺與聽覺的刺激。
- 帶寶寶外出。透過接觸人群及外部世界，刺激五感。

當大人積極給予幼兒大量五感刺激時，就能有效促進分泌血清素，其大腦發展也會變得活躍。

體能腦可說是大腦發展的重要基石。在下個章節，我會更詳細的說明如何正確培育體能腦。

本章重點

- 大腦的發展順序，分別是：體能腦→智能腦→心智腦。
- 連結三種腦的神經傳導物質：血清素。

第 1 章

學齡前，
培養體能腦

體能腦，是負責維持生命的腦。

保命、求生存，是生物與生俱來最強大的能力。在育兒的道路上，這可說是最重要的第一步。

要完成這項育兒任務，方法我在前面已提過，那就是建立良好的生活常規，僅此而已。

人類是晝行性生物，因此當太陽升起時就要準備起床，太陽下山就要準備睡覺休息。

然而，在嬰幼兒期，由於大腦的發育尚未成熟，所以小寶寶沒辦法建立起規律作息的循環。這也就是為什麼要由家長來擔任培育大腦的重要推手。

早起、早睡、規律進食，讓身體記住生活的節奏，體能腦就會成長茁壯。但是，聽到我的說法，不少家長仍會有所疑慮：

「健康固然重要，但是這樣孩子會變聰明嗎？」

「只顧作息就好了嗎？」

如果你也是抱持著這種想法的家長，請務必牢記以下內文。

體能腦，求生存

所有父母期望孩子擁有的能力——聰明、擅長溝通、深思熟慮、溫柔體貼、創造力、積極上進等，**這些都必須等到體能腦，也就是房子的一樓蓋得穩固之後，才能發展成形**。

體能腦長得好，代表房子的一樓蓋得好，二樓自然也能好。也就是說，**體能腦發育得越好的孩子，智能腦與心智腦就發展得越好**。

因此，我認為，在五歲之前，孩子都應該在晚上八點前就寢。

每天晚上八點一到，就要幫助孩子進入睡覺狀態，讓他們的身體習慣天黑後大腦就該休息。嬰幼兒時期，家長只需要專注做好這點即可。

看到這裡，若你還是有所質疑，又或者還是很擔心，不妨先檢視一下，現在孩子的睡眠充足嗎？

五歲前，每天睡滿十一小時

其實，小孩原本就比大人需要更多的睡眠時間，而且遠超過你的想像。對小孩子的成長來說，充足的睡眠是重要關鍵。

左頁圖表1–1，是兒科醫生常用教科書《Nelson簡明小兒科學》所刊載，各年齡層所需的睡眠時間。

對照圖表，我們可以看到國、高中生每天必須睡滿八小時以上，即便是小學高年級，也要睡滿十小時。

那麼，嬰幼兒期又應該要睡多久？

圖表 1-1　各年齡層所需的睡眠時間

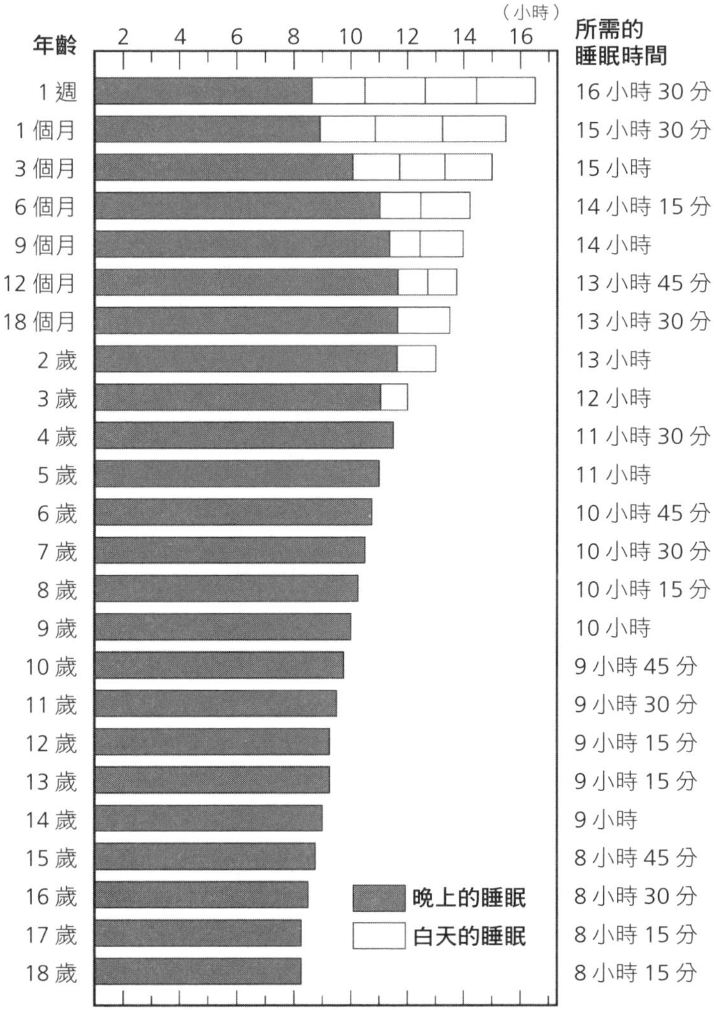

出處：《Nelson 簡明小兒科學》19th ed, 2011。

新生兒需要睡滿十六小時以上，一歲到三歲的孩子，包含午睡在內，則需要睡滿十二小時。五歲以後，白天不再需要午睡，因此晚上必須連續睡眠滿十一小時。

然而，能達成上述睡眠時間的小孩，其實非常少。

根據日本厚生勞動省（按：相當臺灣的衛生署）的調查，日本成人每日平均睡眠時間，以六小時到七小時居多，其次則為五小時到六小時。相較之下，歐美成人的平均睡眠時間約為八小時，這差距可說是顯而易見（按：根據臺灣兒童福利聯盟統計，國高中生平均睡眠時為六．九小時）。

因此，雖然不必按表操課，但我希望至少仍以此為基準，差距不要超過一小時比較好。

五歲的小朋友，晚上八點睡覺，早上六點起床，這樣就能睡足十小時。小學生晚上九點睡覺，早上六點起床；升上國、高中以後，則可改為晚上十點睡覺，早上六點起床（左頁圖表1-2）。

圖表 1-2　各年齡層建議作息時間

各階段	就寢（晚上）		起床（早上）	總睡眠（小時）
5 歲	8 點	▶	6 點	10
小學	9 點	▶	6 點	9
國高中	10 點	▶	6 點	8

只要養成這樣的睡眠習慣，就能讓體能腦健全發展。

早起就能早睡

「小孩不可能晚上八點就睡覺，我家小孩很難入睡！」

我常聽到家長這樣抱怨，而當中十之八九，原因都出在小孩早上太晚起床。

早上越晚起床，晚上自然就會越晚睡。如果在種情況下，還強迫孩子早早入睡，效果通常就會不好。

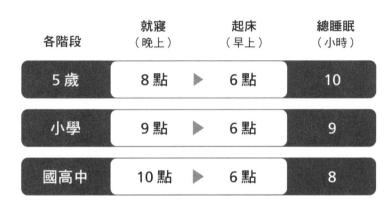

想讓小孩早點睡，最正確的方法是，早上早點起床。不妨以早上六點左右起床為目標，逐步調整作息時間。

不過，如果孩子已經習慣晚睡，大都很難立即改過來。

這個時候，我會建議：用一些他們喜歡的事物當作誘因，讓孩子期待或開心，自然就會願意起床。

比方說，拿孩子喜歡的玩具，吸引他的注意，又或者是播放孩子喜歡的歌曲、特定電視節目的開場音樂等。

要特別注意的是，必須避免白天睡太多。

午睡時間不要超過一小時，尤其越接近傍晚，越要避免孩子一不小心就睡著。

只要遵循上述原則，就能讓孩子在晚上七點左右漸漸入睡。過了晚上七點，如果小朋友睡著了，就讓他一路睡到天亮也無妨。

只要執行一週，就能建立起睡眠作息。

為了幫助孩子更好入睡，還有其他小技巧也很實用。例如：**接近就寢時間，減少睡眠環境的光源刺激**。

除了調暗室內照明，電視、平板、手機都要關機，也不要讓孩子玩會使精神亢奮的玩具或遊戲（見下頁圖表1-3）。

還有，最好讓孩子在睡前一小時洗澡。洗完澡一小時內，人的體溫會漸漸下降，當副交感神經（按：人體休息時才會運作，與交感神經合稱自律神經）啟動，便有助於入眠。

最重要的關鍵在於，**把每天的作息時間固定下來**。這是因為，大腦會記住重複的刺激。

吃晚餐、洗澡、關電視、進房間……每天都要維持固定的作息時間，千萬不能心存僥倖，以為今天晚一點沒關係。日復一日，務必每天固定作息，才能讓身體越來越習慣。

圖表 1–3　早睡早起的小技巧

● 用孩子喜歡的事物引起興趣。

● 減少光源的刺激。

非快速動眼期，生長激素分泌最多

我們的睡眠週期主要分成以下兩個階段：非快速動眼期（Non-rapid eye movements，簡稱 NREM）、快速動眼期（Rapid eye movement，簡稱 REM）。

相信有看過睡眠相關書籍的讀者，應該對這兩個名詞都不陌生。非快速動眼期俗稱「熟睡」，此時大腦和身體都在休息。而快速動眼期，就是我們常說的「淺眠」，雖然沒有醒來，但是大腦還在活動。

人類一整晚的睡眠週期，就是不斷重複淺眠與熟睡的循環（請見下頁圖表 1-4）。

一般來說，在入睡約三十分鐘後，人就會進入非快速動眼期，也就是睡著；在睡著的狀態下，還會持續進入更深層的睡眠，也就是熟睡。

圖表 1-4　淺眠和熟睡

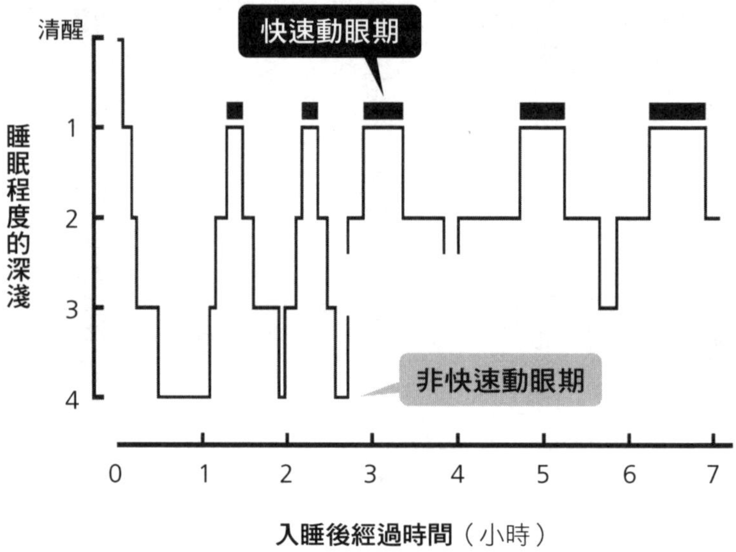

出處：根據 Dement and Kleitman 於 1957 年發表的研究論文內容製圖。

接著，睡眠週期會進入快速動眼期，整個睡眠週期會不斷重複熟睡、淺眠、熟睡、淺眠，約四次到五次的循環；越接近早晨，通常就會越接近淺眠的狀態。

非快速動眼期（熟睡）與快速動眼期（淺眠），這兩個時期都各有其重要性。

非快速動眼期，是大腦與身體的休息、放鬆的時間。大腦與身體會趁機清除一天當中累積在腦內及體內的疲勞。

與此同時，身體也會分泌生長激素（見第五十九頁圖表 1-5）。**在非快速動眼期所分泌的生長激素，除了能修復受損細胞、幫助骨頭與肌肉成長，也能提升免疫力、集中力、記憶力、智能發展**。

還有，我在前面曾提到，早晨身體裡的血清素含量最高，但其實在非快速動眼期，身體也會分泌少量的血清素。

而快速動眼期，則是整合大腦中的資訊。

在這段時間，一天當中所遇到的人事物、經歷和學習成果等，大腦會篩選出有用且需要記住的資訊。對於其他多餘的資訊，例如不好或不愉快的經歷，則會被塵封到記憶深處，讓人漸漸遺忘或不再想起。

我們常說睡眠不足會引發憂鬱，就是因為快速動眼期的作業時間不足所導致。

兩種睡眠狀態都非常重要，但**對於嬰幼兒期的兒童大腦發育來說，非快速動眼期所分泌的生長激素最為重要**。

大家知道人體什麼時候分泌最多生長激素嗎？就是晚上十點到凌晨兩點。

由此推算，為了在晚上十點時進入熟睡狀態，就必須在晚上九點前產生睡意才行。

這也就是為什麼嬰幼兒最好在晚上八點前入睡。

圖表 1–5　睡眠充足，有效提升學習力

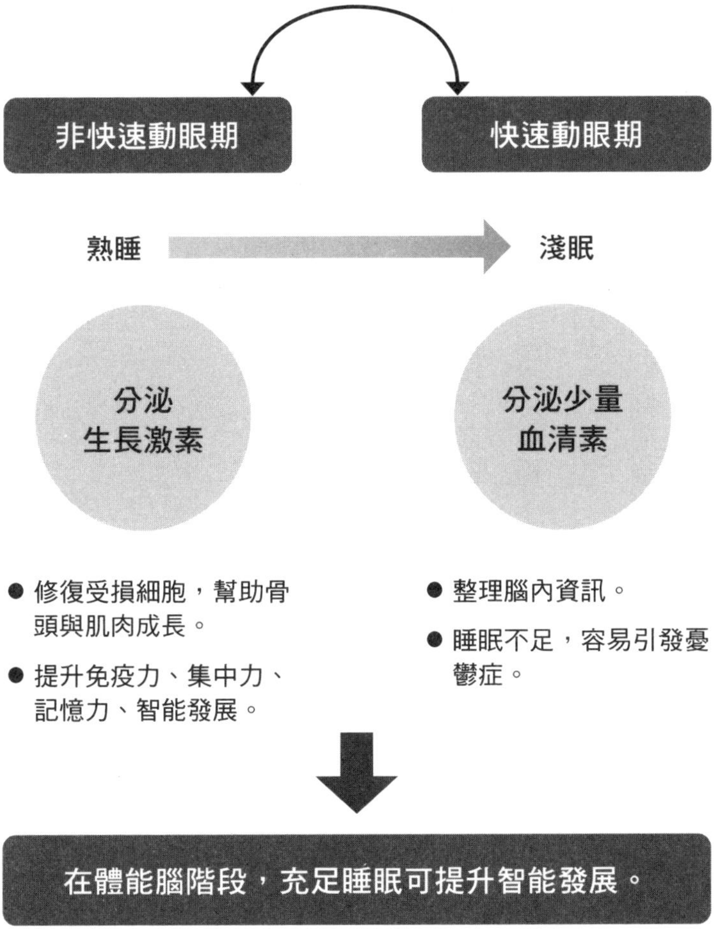
非快速動眼期
快速動眼期
熟睡
淺眠
分泌
生長激素
分泌少量
血清素
● 修復受損細胞，幫助骨頭與肌肉成長。
● 提升免疫力、集中力、記憶力、智能發展。
● 整理腦內資訊。
● 睡眠不足，容易引發憂鬱症。
在體能腦階段，充足睡眠可提升智能發展。

好好睡覺就能好好吃飯

要讓體能腦好好發育，調整進食的節奏也非常重要。

我經常聽到很多家長抱怨小孩都不好好吃飯，並為此感到非常煩惱。儘管如此，我認為強迫小孩吃飯，絕對不是長久之計。

事實上，**好好睡覺也有助於改善小孩子吃飯**。這是因為小孩子只要睡得好、睡得飽，就會有食慾多吃一點。

其中的關鍵，就在於副交感神經，它在睡眠狀態中也會持續運作。

自律神經可分為交感神經、副交感神經，前者會在人體活動、緊張時運作，後者則是在休息、放鬆時運作。

當副交感神經優先運作時，人的呼吸會變得深沉，脈搏次數會下降，血管也會變得鬆弛，並幫助身體在休息狀態中運輸血液。而腸胃也會在此時消化活動。

人體處在睡眠狀態中，就是副交感神經活躍的時間，因此睡得好、睡得熟，也有助於腸胃消化。晚上睡得越好（睡熟、睡飽），早上醒來時自然會呈現空腹狀態，也就會產生食慾。

也就是說，不需要刻意強調這件事，只要養成好好睡覺的習慣，身體自然會想要好好進食。

但令人意外的是，有很多父母不知道睡眠和食慾有關。

也因為如此，小孩不僅睡眠不足，連營養也攝取不良，這樣的案例竟不在少數。

由於主要照顧者大都是媽媽，與小孩相處的時間也比較長。我經常聽到媽媽表示，為了讓小孩跟爸爸多相處，會刻意讓小孩等爸爸下班回家——甚至小孩睡著了，媽媽還會特地叫醒小孩。

想要增進親子關係固然是好事，但打亂小孩的睡眠時間與作息節奏，反

圖表 1-6　以睡眠為優先

●為了等待晚歸的爸爸回家而不睡覺……。

●孩子的作息節奏大亂，體能腦無法順利發展。

倒本末倒置。為了讓體能腦成長茁壯，請務必以孩子的睡眠為優先考量（見右頁圖表 1-6）。

熬夜會讓腦袋變笨

在育兒科學軸心，總是有許多家長帶著睡眠失調的孩子前來求助，而其中不少案例就是因為等爸爸下班而養成錯誤的睡眠習慣。

例如，有一個五歲的小女生，因為早上總是起不來，已經有一段時間無法去幼兒園。

據家長表示，即使早上勉強她起床，她也會一副搖搖晃晃、精神不濟的樣子，當然也完全沒有食慾。也因為光是吃早餐就要花費很多時間，結果常常遲到。

當我第一眼看到這孩子時，她的氣色確實不佳、站也站不穩，顯然是長期睡眠不足。

我詢問家長後發現，這孩子的就寢時間竟然是半夜十二點。媽媽每天會陪孩子等爸爸回家，還會讓他們玩一會兒，才讓孩子去睡覺。

於是，我向家長說明了晚睡的缺點，以及早睡早起的訣竅。當天他們回去後，便開始慢慢提前起床的時間。

原本孩子每天早上接近十點才會起床，後來逐漸調整到早上七點左右，孩子的身體狀況便明顯改善了。

現在，孩子一早起床，爸媽要她幫忙拿報紙過來，她可以馬上起床、站穩身子，然後跑去信箱拿報紙，再笑容滿面的拿給爸媽。和之前相比，簡直判若兩人。

除此之外，她不僅能大口吃早餐，也能精神飽滿的去上學。甚至比其他孩子都更早到校，可以一邊玩遊具，一邊等同學。

更令人欣喜的是，她的集中力突飛猛進。以前不管做什麼都心不在焉，現在能投入於畫畫、寫字，並且樂在其中。

事實上，有很多孩子即便過了嬰幼兒期，也和這個案例中的小女生一樣，會出現早上起不來、站不穩等症狀。

若孩子有上述這些症狀，即有可能罹患「起立性調節障礙」（Orthostatic Dysregulation，簡稱ＯＤ）。

起立性調節障礙的症狀，主要有早上起不來、站起來就頭暈、暈眩（暈車）等，有些個案還會出現頭痛或腹痛。

在起立性調節障礙的患者當中，小學生占五％、中學生約占一〇％，其中又有三〇％至四〇％，同時也是拒絕上學的孩童。雖然此症狀好發於幼兒期至青春期，但也不乏有二十歲到三十歲的個案。

至於發病原因，則大都由壓力及自律神經失調等引起。

換句話說，**比起青春期的孩子，家長反而更要多加注意：自律神經尚未發育完全的嬰幼兒**。為了讓掌管自律神經的體能腦成長茁壯，優質且充足的睡眠是唯一有效良策。

爸媽也要「盡量」早睡

不只是孩子，父母也需要優質且充足的睡眠。

家長的作息會直接影響孩子的睡眠。即使孩子乖乖躺進被窩，但如果深夜時分客廳仍傳出聲響。或是電視還開著，這些都會干擾孩子的睡眠品質，甚至導致失眠。

因此，為了讓孩子早點入睡，家長必須以身作則。

或許有些家長會因為家事做不完，而無法早點睡覺，此時不妨隔天早上再做家事。雖然白天的時間不如晚上彈性，但相對來說，短時間集中精神衝刺，做事效率反而更好。

另外，也有一些家長表示，不管白天或晚上都很忙，所以只能犧牲睡眠時間。

這類型家長通常是母親，很容易因為過度付出，結果導致自己睡眠不足。例如，絞盡腦汁做精緻的便當或手工藝；為了幫孩子準備學校用品，付出過度的勞力與時間。

若能睡眠充足，倒也不是大問題。然而，在孩子上小學、中學之後，這種情況會變得越來越嚴重。例如，明明是職業婦女，卻堅持親自接送孩子上補習班；每天盯孩子寫功課、到了很晚才有時間做自己的事，常常忙到深夜還不睡。

這類型的家長們，往往看起來很累，不僅因睡眠不足導致身心俱疲，內心也總是焦慮急躁，有時甚至無法保持冷靜。當中，更有不少比例的媽媽們長年累積大量疲勞與壓力，導致身體越來越差、甚至生病。如此一來，別說為了孩子好，還有可能影響到子女的幸福。

因為，**孩子看到父母為了自己而犧牲，也不會感到幸福**。

尤其孩子漸漸長大、開始能夠體會別人的痛苦，越是懂事的孩子看到媽媽如此犧牲勞累，他只會越來越不安；有些孩子甚至會認為：都是因為我，媽媽才會這麼累。

而這樣的孩子，為了想要讓父母高興，會用自己的方式去努力改善，可惜的是，父母卻往往無法察覺孩子的用心。我就聽過很多案例的父母，經常不耐煩的說：「你到底在幹嘛！」、「我現在沒空。」結果反而導致孩子更無所適從。

讀到這裡，若你也感同身受，請**從現在開始簡化家事，並確保每天至少睡足六小時到七小時**，這就是改變的第一步。

比起家事更重要的是自己的健康。父母神采奕奕、滿臉笑容，孩子才會感到幸福。

為了孩子好，結果造成反效果，這種案例不勝枚舉。

不需要超前學習

比方說，雙薪夫妻很容易因為工作太忙，沒時間好好栽培孩子而產生罪惡感，結果把休假排滿才藝班。

「如果我是全職主婦，就可以教孩子更多東西。」

「如果不早點開始補習，上小學成績落後怎麼辦？」

諸如此類的焦慮，總是讓父母急著干預孩子的大腦發育。

但我必須說，這是最典型的「還不會走就想飛」的錯誤育兒法。

還記得我在序章時提到，大量給予五感刺激，對於促進體能腦的發展非常重要嗎？

- 早上好好晒太陽，在全黑的環境下早點睡覺。

• 固定每日三餐時間。
• 面對孩子時表情要豐富、聲音要明亮。

諸如此類的刺激，在日常生活中都可以做到。

即便平日必須將孩子送到托育中心，也還有週末或休假日可以利用，卻把時間浪費在才藝班，甚至讓孩子徒增疲勞。

時間與金錢都很寶貴，千萬不要浪費。

以我們家來說，都不是花錢去上補習班或才藝班，而是到府保母[1]。

在我女兒還小的時候，先生因工作需要獨自赴外地，而我自己本身的工作也非常繁忙，經常很晚才回到家。

因此，我請到府保母來幫忙照顧女兒。

雖說有請保母，但孩子每天仍然必須在晚上八點前就寢。除此之外，我完全沒有讓女兒學習任何才藝。

小孩子在五歲之前，只需要好好睡覺、好好吃飯，這樣就夠了。與其揠苗助長，什麼都不做，反而能讓孩子的體能腦成長茁壯。

你給的是愛還是毒？

近年來，我非常樂見有越來越多的男性參與育兒。如此既能減輕媽媽的

1. 指保母到家長指定的處所（通常是自己家中）托育孩子。因選擇保母仍具有一定風險，建議除了審核保母資格外，也應考量托育環境的安全性與衛生情形，以及了解保母個性及托育風格，並以社會局的公版契約簽訂托育合約。保母費用，目前臺灣各縣市針對日間托育與全日托育訂定收費標準，日間托育以每日十小時、每週收托五天為原則，收費以月計算，每月以三十天計。平日到府保母費用，每小時臨托費約在兩百元至四百元，臨時托育日則在一千五百元至三千五百元。假日每小時臨托費約在兩百五十元至五百元，臨時托育日則在一千五百元至四千五百元（價格依實際狀況變動）。

負擔，也能與增進親子間的相處與溝通，優點可說是數不勝數。

然而，有一些特別積極、注重教養方式的男性，有時會將學習和教育劃上等號。

例如，學習才藝，有時不是媽媽在緊張，反而是爸爸要求很多。

對於考試特別關注的爸爸也逐漸增加。有時媽媽認為小孩子的成績順其自然就好，但因為受到爸爸的影響，就為孩子安排補習，這樣的案例也越來越常見。

關心教育的爸爸們，似乎認為孩子必須從小就開始學習。

自一九七〇年代的學前教育[2]（preschool）風潮以來，不管哪個世代，都有許多家長很早就為孩子規畫學習教育。這些家長陷入五歲定終身的迷思，總是讓不到五歲的孩子早早就開始用功讀書或訓練運動。

其中，也有些家長是將自己未能實現的夢想，寄託在孩子身上。例如，希望孩子考上比自己優秀的大學，所以送去補習；自己以前很想學鋼琴，所以安排子女上鋼琴課。

高學歷的父母，尤其會產生這種寄託心理。

以下分享一個案例：有位爸爸畢業於一流大學，也在一流企業任職，他說：「其實我以前很想當醫生，可惜事與願違，所以我希望孩子念醫學院。」這位爸爸每天下班回家，都會緊盯孩子讀書。

很顯然的，這種育兒方式完全忽略了孩子的意願。將自己的期望加諸在孩子身上，並要求孩子按父母的意思行事，這甚至可以說是一種控制。

受到這種學前教育荼毒的孩子，**在幼兒期至學童期，學業表現通常都很不錯，對父母也很順從；但之後卻可能會出現行為偏差。**

---

2. 在日本，由索尼（Sony）的共同創辦人井深大在其著作中首次提到，一九八〇年正式導入。相較於幼兒教育著重於生活常規，早期教育則是以提升閱讀、算數、英語、藝術、運動等各方面能力為主要目標。

尤其進入青春期後，隨著學業及人際關係的煩惱增加，孩子越來越受挫，導致繭居[3]在家、甚至人生走偏、演變成犯罪，這樣的案例屢見不鮮。此外，也有孩子最後與父母斷絕往來（見左頁圖表1-7）。

所謂的教育，真的有必要背負這麼大的風險嗎？

我真心盼望能幫助更多的父母，擺脫超前學習的迷思。

這些用錯誤方式對待孩子的家長，當然都沒有一丁點惡意。天下父母心，大家的出發點都是為了孩子好。

「我很愛我的孩子，為了他，我都沒有自己的時間。」

「讓孩子等爸爸下班，這是因為愛呀！」

3. 繭居族一詞來自日語，指待在家裡半年以上，不工作、不上學，也不社交的人。

圖表 1-7　超前學習，孩子容易學壞

● 硬逼孩子過早接受學前教育。

↓

● 孩子長大後反而容易學壞。

「我很愛孩子，所以我不想讓他輸在起跑點！」

我想，應該很多家長都會有類似這樣的想法。

但是，這樣的愛其實非常危險。愛本身當然是非常美好，但每個人都是獨一無二的，並不是所有事都可以冠上以愛之名。在日本，大眾普遍認同要給孩子滿滿的愛。然而，這個代代相傳的觀念，卻沒有客觀的標準。

這個觀念的起源可追溯到一九六〇年代。英國精神科醫師約翰・鮑比（John Bowlby）提出了依附理論[4]，而後人們由此延伸出的「三歲兒神話」（譯註：孩子滿三歲前，母親必須專注於育兒，否則會對成長發展有不良影響），尤其在日本家長之間廣為流行。

這一觀念強調，在孩子滿三歲之前，母親必須與孩子保持親密接觸（抱好、抱滿）並給予充足的安全感。

在當時，採取此育兒原則的母親們，可說是第一批信奉者。

這些家長大都經歷過日本高度經濟成長期（一九五五年到一九七三年），為了工作全心全力拚命的爸爸，專注於家事及育兒的媽媽，是當時最常見的家庭寫照。

這些家庭中的孩子們，現在差不多是四十歲到五十歲。有趣的是，自二〇〇〇年之後開始，以「毒親」（按：指對孩子有害的家長）為主題的作家們，恰巧也是這個世代的人。由此可知，正是這些在過度保護和束縛中成長的孩子們，一直到成年後才反映出來。

然而，這個世代仍然會用自認為的「愛」來養育孩子。

當他們長大、終於為人父母時，正是考試熱潮當道、教育與親子密不可分的平成時代（一九八九年到二〇一九年）。但是，如前所述，父母過度熱

---

4. 指幼兒時期的依附關係會影響孩子未來的人格型塑。

衷教育之下所養大的孩子，反而更容易走上歪路。

當十多歲至二十歲的孩子開始表現出壓力及偏差時，過度偏重教育的缺點也顯而易見。

那麼，接下來的世代到底該怎麼做才好？新手爸媽們到底該給予孩子什麼樣的愛？讀到這裡，相信你們應該已經心裡有數。

學齡前，把孩子當原始人

我最常對新手爸媽說的一句話，是：「總之，就是**耐心等待孩子長大**。」我希望這些爸媽**不要急著開始學前教育**，而是切記：前五年只需要讓寶寶過著早睡早起、作息規律的生活，讓大腦好好發展即可。

在孩子滿五歲之前，是本書所提倡的簡單育兒法中，唯一最需要耐心的時期。不過，知易行難，想要讓孩子落實、真正養成早睡早起，其實非常勞心勞力。

剛出生的小寶寶既脆弱又無力，幾乎就像是原始人。所以，我們也可以說，育兒就像是在培養一個原始人漸漸進化成現代人。

「養育原始人」是怎麼個養育法？

基本上，新手爸媽要先做好心理準備，人類是晝行性動物，日出之後開始活動，日落之後就要休息。雖然這種節奏看似原始，但這就是生物生存能力的根源。照顧一個如此原始的小生命，直到他慢慢成長、進化成一個正常人，確實是一項大工程。

但是，只要撐過這段時期，就能撥雲見日。

我也很常對家長們說：「育兒之路會越走越輕鬆，越來越快樂！」

看到我這麼說，或許有人會在心裡嘀咕：「才怪！」實際上，造訪本機構的家長中，也常會有人感嘆：「以前明明那麼可愛，現在越來越討厭。」、「真希望可以把孩子塞回肚子。」

但恕我直言，家長會有這樣的感嘆，是否只想孩子乖乖聽話？這樣的家長在孩子隨著年齡成長、開始發展自我意識時，往往會感到沮喪與惱怒，因為他們並未將孩子視為獨立個體，也不尊重其人格。

其實，孩子在五歲前並沒有特別可愛，比起一味的懷念過往，看著子女漸漸長大，這種感動才是最難以言喻的。

所以，育兒之路的初期，請務必抱持著耐心與堅持，首先將孩子養育成「優秀的原始人」。

當體能腦，也就是人類的生存能力基礎穩固後，就可以期待孩子自體的覺醒與變化。先苦後甘，快樂育兒絕對值得等待。

育兒就像倒吃甘蔗

下一個章節，我將會談談如何培育智能腦。

與體能腦不同，這個階段不需要再咬牙苦撐。

先簡單做個預告，**打造智能腦的基本原則，就是：讓孩子參與父母的興趣或嗜好，親子一起做喜歡的事**。這跟單方面訓練孩子睡覺不同，而是父母也能樂在其中。

體能腦發育得好，智能腦也順利發展，接著就是第三章的心智腦。這個階段大約落在十歲到十八歲左右。有些發展得特別好的孩子，大概小學高年級至中學生階段，就會開始知道要關懷他人。

而你的育兒之路，也終於要邁入輕鬆的階段。

此時的孩子不僅會主動說：「媽媽妳很忙嗎？我可以幫忙！」也知道並非任何事都是理所當然，並且懂得感謝、分享心情，親子之間越來越能互相理解。

最初的五年最辛苦，後面就會倒吃甘蔗。先苦後甘的不是只有父母而已，孩子也是。

孩子的體能腦發育得越好，之後的人生道路就能走得更順遂。

請回想一下，前面我所提到的，大腦內的神經細胞突觸連結得越多，也就是神經網絡越廣越密，代表大腦越發達。而促進神經突觸連結的方法，就是反覆給予五感刺激。

我們可以將大腦思路想像成電線配線作業。一個建築物裡的每個房間有許多燈泡，透過電線的連結才能讓燈泡發亮，電線連結的越多、越廣、越密，能夠發光的燈泡就越多。

而名為大腦的建築物，則必須具備更多電線配線。如果一個房間只有配一條電線，那麼只要這條電線斷掉，整個房間都會陷入黑暗。反之，若是備用的配線很多條，房間就能保持明亮。

配線越多，在面臨人生中的各種意外時，大腦越能臨機應變。遇到難題或挫折、逆境時，也能堅強面對，從不同的角度來看待問題。此外，處事也能靈活、有彈性，不容易絕望，並具備思考對策、突破難關的能力。

上述基礎，全都建立在體能腦的重要機能——生存能力之上，我絕對沒有誇大。請務必為孩子的大腦增加配線，讓孩子將來開拓人生道路時，能有最強大的後援。

本章重點

- 早起、早睡、規律進食，體能腦就會成長茁壯。
- 孩子在五歲前，每天必須睡滿十一小時。
- 硬逼孩子過早接受學前教育，孩子長大後反而容易學壞。
- 體能腦發育得越好，智能腦與心智腦就發展得越好。

第 2 章

與其送安親才藝班，不如當鑰匙兒童

一般來說，我們印象中充滿皺褶的部分，就是智能腦，以大腦的部位來說，也就是大腦新皮質。

智能腦主要負責語言、計算、記憶、運動協調，以及精細動作等。還有，儲存及輸出知識、資訊，這種思考方面的歸納能力，也是屬於智能腦的範疇。社會倫理及生活常識等，也是儲存在智能腦。

智能腦的發展比體能腦稍微晚一點，大概一歲左右開始發育，然後持續成長至十八歲左右。而成長的高峰期，**大約落在六歲到十四歲，也就是小學、國中階段**。

因此，就算從孩子一歲就開始培育智能腦，但其實要等到上小學之後，才會進入智能腦發育的高峰期，所以在嬰幼兒期要以體能腦為優先，還請各位家長務必牢記在心。

另外，還有一點也很重要。

培育智能腦，並不是指寫作業或上補習班。就算家長強迫孩子念書，也無法培育智能腦（下頁圖表 2-1）。

其關鍵在於，當事人的學習意願。

書不是讀越多越好

換句話說，**對周遭事物感興趣、擁有旺盛的好奇心，並且主動渴求知識、深入思考或探索，才能為智能腦打下良好基礎**。

那麼，家長該做些什麼才好？

答案就是，製造更多機會，讓孩子自己去探索世界、累積經驗，增廣見聞。而所謂的機會，最重要的就是家庭生活。

家庭，可說是構成社會的最小單位。家庭中的每一位成員，都在學習與他人共同生活。孩子在家中建立自我認知，將會成為他未來探索廣大世界的第一步。

圖表 2–1　打造智能腦關鍵：學習意願

6 歲到 14 歲
培育智能腦

- 寫作業或上補習班。
- 強迫孩子念書。

- 對周遭事物感興趣，擁有好奇心。
- 多累積生活經驗。

或許你會想，每個家庭都差不多吧？

真的是這樣嗎？不妨回想一下，各位家長都是怎麼對待孩子的？有沒有讓孩子真正參與家庭生活？是否總為孩子事事代勞，深怕孩子做不好，所以搶先準備好一切，甚至把子女當作王子、公主來養？

這也是以愛為名，實際卻大大阻礙腦部發展的錯誤育兒方式。

在接下來的第二章，我將說明更簡單，卻能有效幫助孩子知性發展的（育腦）方式。

做家事，也是孩子的責任

現在的孩子們普遍較少參與家庭生活，很多家長都會把事情打點好，甚至一手包辦所有事；越來越多的孩子，與其說是富養，根本就跟王子、公主沒兩樣。

例如：早上叫孩子起床，準備早餐、便當，放學後接孩子去補習班；回到家後，再幫忙放洗澡水；洗完澡後，還要緊盯學校功課、甚至是補習班的作業。

每天過這樣的生活，孩子當然無法獨當一面。當孩子完全不需要付出，他就不會產生渴求，也可能會對周遭事物漠不關心。

這種生活方式甚至無法培育孩子的自我肯定感。因為如果凡事都由別人代勞，孩子就無法體驗到「我能做、我會做」的成就感。

關心周遭事物與培育自我肯定感，在日常生活中不可或缺。換句說話，賦予孩子家事或任務，都有其必要。

任何家事都可以，例如：拿報紙、倒垃圾，或是衣服洗好，讓孩子負責摺衣服（見左頁圖表2-2）。

一旦分配任務，就一定要讓孩子親自完成。如果孩子忘記或偷懶，也嚴禁由父母代勞。即使垃圾、衣服堆積如山，家長務必也要忍耐。等到連孩子

圖表 2-2　分配任務，提升自我肯定感

✕ 凡事都幫孩子做好 → 孩子以為自己是公主、王子，無法獨當一面。

⬇

○ 賦予孩子任務。

自己都受不了時，他們自然會展開行動，並且意識到要是沒有善盡自己的職責，家人會很困擾。

不管多累、多麻煩，這就是自己的責任，一定要去做——當孩子認知到這一點時，他的自律能力也會開始萌芽。

但光是這樣還不夠，如果孩子能得到家人的感謝，他們會感到更喜悅；隨著家事越做越習慣，孩子也會體驗到成就感。

身為家庭這個小型社會的一分子，當孩子知道自己能有所貢獻時，這會使他們因此產生自信與自豪。

而這份自信與自我肯定感，將會成為孩子一輩子的寶物。

隨著雙薪家庭的增加，現在有越來越多的家長會把子女送到安親班及托兒所。

但我認為，這個方式其實有利有弊。

與其送安親才藝班，不如當鑰匙兒童

雖然許多企業為了因應女性在職場活躍，設立了讓職業婦女安心工作的制度，並標榜育兒友善，但站在育腦的角度來看，這些措施反而會帶來負面影響。

學童保育設施看似立意良好，有專業人士可以幫忙看顧孩子，讓雙親可以安心去工作；孩子可以交到朋友，一起玩、一起讀書，還有老師在旁指導，似乎有很多優點。

但事實上，仍有其缺失之處。

家長下班接孩子回家，通常早就超過晚上六點，若途中還要繞去買菜、回家煮晚餐、吃飯、洗澡……如此下來，幾乎不太可能在八點或九點前上床睡覺。

最大的缺點就是，**孩子在家的時間會變少**。還有，原本屬於家庭生活

圖表 2–3　孩子放安親班，家庭生活變少

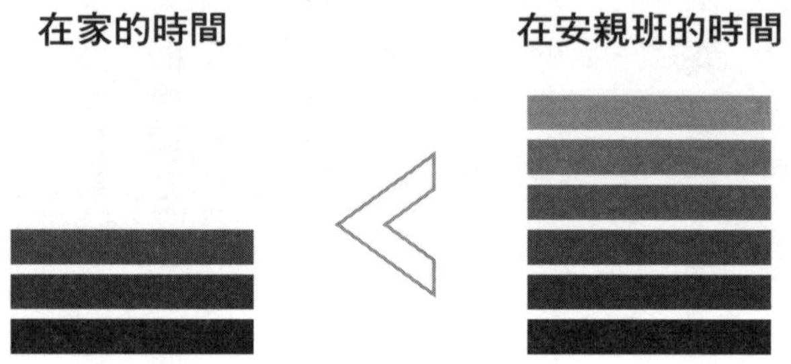

應分配任務，讓孩子多參與家庭生活，提升自我肯定感。

的任務也會相對漸少（見圖表 2–3）。

任務並不侷限於家事。**按時吃飯、早點睡覺，這種遵守約定型的任務，對孩子來說也非常重要。**

即使家長們白天不在家[1]，孩子依然能遵守生活常規，這會讓他們感受到自己是家庭中的一分子。

因此，我認為**小學低年級的孩子不應該送去安親班，而是安排到府保母**[2]，協助看顧孩子並

嚴守吃飯、就寢時間等生活常規。

到府保母或許會給人所費不貲的印象，但只要善加利用社會福利機構與公家機關的制度，其實幾乎與上才藝班的費用差不多（按：臺灣相關托育制度比較，請參考下頁圖表 2-4、第九十七頁圖表 2-5）。

孩子上高年級之後，由於已經不太需要大人的看顧，因此在安全的環境下，當鑰匙兒童也無妨[3]。這階段的孩子已經會自己分配時間，並且逐項完成，例如：玩遊戲、寫功課、休息、做家事等。

雙薪家庭的家長們可以依自身情況，適度讓孩子自己安排時間。

---

1. 依據臺灣《兒童及少年福利與權益保障法》第五十一條，六歲以下兒童，不可讓他獨處。
2. 可至衛生福利部社會及家庭署的托育媒合平臺，依各家庭需求，查詢居家托育人員。相關托育費用可參下方 QR Code。
3. 作者旨在強調，一味的幫孩子排才藝課程或安親班，並無法培養孩子獨立自主；以安全環境為前提，讓孩子自己規畫學習時間更重要。

圖表 2-4　臺灣下課後安置比較（編按）

項目	國小安親班	學校課後照顧與社團	才藝班
費用	月費約數千元至上萬元，註冊費則為數千元至萬元不等。	一學期約 5,000 元到 7,000 元。	實際費用依各項目不等。
時間	全日或假日。	放學後。	放學後或假日。
優點	生活照顧和學業指導。除了協助孩子寫作業，還有隨堂小考或評量考試。	• 由導師或志工媽媽幫忙看管孩子，大都為自由活動。 • 以不超前學習為原則，可培養自律力。	針對特定才藝教學，例如鋼琴、科學、舞蹈等。
缺點	• 以課業為主。 • 容易造成小孩依賴性。	下課接送時間缺乏彈性。	缺乏休息時間。
適合家庭	爸媽工作忙碌或無後援的家庭。	放學後無法即時接送的家庭。	經濟上有餘裕的家庭。

＊ 價格依實際狀況變動。

圖表 2-5　雙薪家庭的國小課後安排（編按）

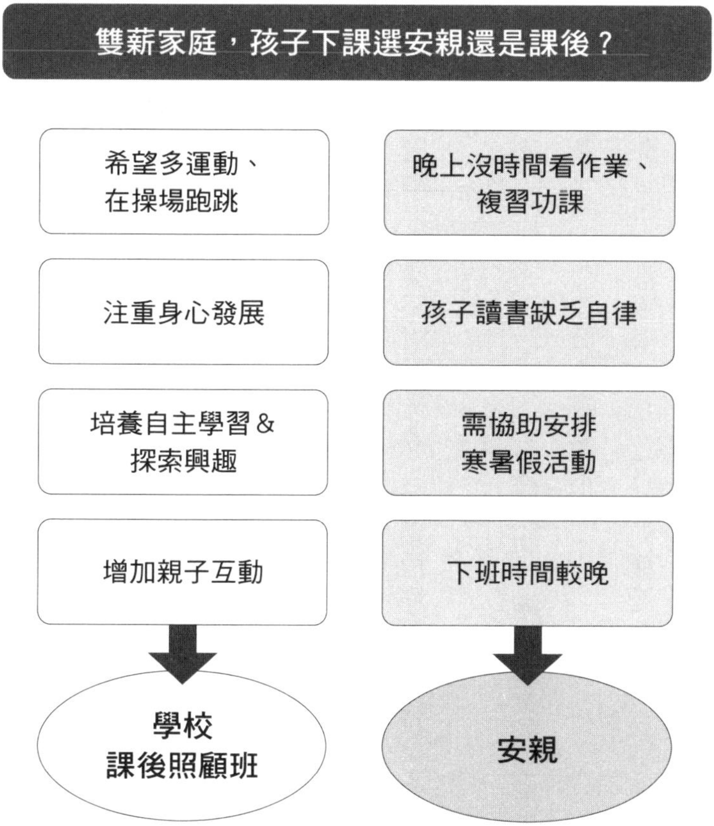

＊ 可依各家庭狀況或孩子個性，選擇最適合的方式；或是也可以混合選擇，例如課輔加社團，但部分社團可能需要抽籤，或是課輔名額有限制。

＊ 部分安親班可配合接送下課時間、不用寫評量、考試期間不留晚。

一開始做不好，很正常

賦予孩子任務，等同於「信賴孩子」。

所謂的信賴，並不單指相信孩子可以做得很好。倒不如說，**一開始做不好、會花費很多時間才正常，做不好、失敗，更是理所當然**。

無論是誰，都必須經歷失敗，才能有所成長。這裡所說的信賴，是指家長耐心等待孩子度過一次又一次的失敗，並相信總有一天孩子會做得更好——這種長遠眼光，非常重要。

如此一來，在一開始孩子做不好、不穩定的時期，家長的態度就成了勝負關鍵。令人遺憾的是，大多數家長都做不到。

有些家長會說：「不要勉強自己，交給媽媽吧！」然後忍不住出手幫孩子做；也有些家長會一邊怒罵：「你到底在幹嘛！算了，我自己做比較快！」一邊剝奪孩子的學習機會。不論哪一種，都是因為對孩子缺乏信任。

那麼，該怎麼做，才能提升對孩子的信賴？

首先，家長自己一定要保持身心健康，這是最重要的。如果家長也能早睡早起、睡眠充足，心態會更從容、有餘裕，即使孩子表現不如預期，也比較能放寬心。

還有一類家長，總是因過度操心，而干涉太多。

例如，做料理時擔心孩子會被刀子切到手、碰到熱鍋會燙傷等。確實，許多失敗都伴隨著受傷的風險。

但對孩子來說，這其實是非常寶貴的經驗。**更重要的是，孩子能學會如何避開危險**。

這就是體能腦的主要範疇，在面對危險時，負責透過反射神經來保護自己。舉例來說，搭捷運時，若車子很晃，我們會反射性的伸手抓住吊環。這是因為我們從孩提時代常常跌倒、知道跌倒很痛，所以身體知道該怎麼保護自己、減輕傷害。

小孩子也是一樣。在不會受到嚴重傷害的程度下，多多少少讓他們自己去經歷，我認為會比較好。

我能理解父母一定會擔心，要判斷危險程度確實也不容易。但我認為，**承擔風險並守護孩子，也是為人父母的責任**。如果總是未雨綢繆，為孩子做好萬全準備，反而會讓他們失去學習的機會。越是走在崎嶇之路，孩子會更有勇氣面對挫折。

帶孩子體驗你的興趣

多多接觸家庭之外的世界，也有助於智能腦的成長。

例如：多帶孩子外出，接觸各式各樣的風景、建築、食物以及人群。我特別推薦帶孩子去博物館或美術館，多接觸科學及藝術相關的事物。如果經濟條件許可，帶孩子到海外旅行，實際見識外國的風情就更棒了。

不過，不管要做什麼、去哪裡，家長都要記住，**自己也要喜歡並且樂在其中，做自己喜歡、感興趣的事才是關鍵**。

若家長本身對運動興趣缺缺，卻勉強自己帶孩子去看球賽，或是家長明明自己也不擅長英文，卻硬逼孩子上英文會話課；在這樣的情況下，孩子多半不會對運動或英文產生好感。

正確的做法是，**家長必須先樂在其中，然後讓孩子一起參與**，親子一起享受樂趣才是最重要的。

藉由親子同樂，會讓孩子的世界變得更加豐富多彩。

有時候，父母的興趣不同。比方說，爸爸喜歡釣魚，媽媽喜歡看電影。孩子因為從小就跟爸爸去釣魚，所以只要一放假，父子倆便經常一起去釣魚，這時媽媽就能享受自由時間，看看自己喜歡的電影。

孩子會對哪一方的嗜好有興趣，其實都說不準。以我家的狀況來說，我喜歡逛博物館，但女兒興趣缺缺；我先生喜歡歷史，意外正中女兒的喜好。

另一方面，我也非常喜歡戲劇及音樂劇表演，每年的《悲慘世界》（*Les Misérables*）及《媽媽咪呀！》（*Mamma Mia!*）海外巡演，我都會帶女兒一起去觀賞，沒想到這完全打中女兒的喜好。她國中及高中都參加了話劇社，現在她對於舞臺劇的喜好更勝於我。

若父母擁有各自的興趣，雙方都應該帶著孩子體驗，並從中尋找屬於他的興趣。隨著孩子的興趣越來越廣泛，他的積極性與好奇心也會不斷的成長茁壯。

從這個角度來看，家長擁有的興趣越多元，也就有更多的機會可以培育孩子的智能腦。

父母也要享受自己的人生——不是「為了孩子」，而是為了讓自己的生活過得更開心，這才是關鍵。

小孩一點都不可憐

每當我說：「父母也應該要享受自己的人生。」一定會有人說：「忙都忙死了，哪有那種時間！」

但是，通常會這麼說的家長，還是有時間接送孩子往返補習班。既然如此，何不把這種為了孩子的時間或金錢，拿來花在自己身上？

聽到這種說法，會有不少人反對，說：「這樣小孩很可憐耶！」因為小孩很可憐，所以必須減少自己的快樂——亞洲家長特有的犧牲奉獻，由此可見一斑。

我曾住在美國一段時間，發現外國人的育兒觀截然不同。美國的孩子，從小寶寶時期就會自己一個人睡（按：因大人和小孩一起睡，可能導致嬰兒猝死症），但從來沒有父母會因此認為小孩子這樣很「可憐」。

當然，哄睡文化也有其優點，究竟哪一方才正確，也無法一概而論（按：因國情文化不同，臺灣多半和寶寶睡在同一個房間，建議最晚於小學一年級前分房睡）。

但是美國文化的作風，父母比較有自己的時間是事實。等孩子入睡之後，父母可以從事興趣或社交；即便孩子醒著，也可以託付給保母，然後放心外出，這在美國都非常普遍。

我認為**亞洲家庭的父母可以再給自己多一點時間，去做自己喜歡的事也沒關係**。

孩子的體能腦若能好好發育，自然能在晚上八點入睡，就算大人稍微熬夜，孩子也不會輕易被吵醒。因此，等到孩子五歲，晚上睡著之後就是父母的自由時間。

此時，可以享受一下自己的興趣，閱讀書籍也很好；偶爾將小孩託付給保母，再出門也不成問題。

到了隔天早上，父母可以**和孩子分享自己昨天的體驗或感受**。對孩子來說，**這些體驗會變成他的知識，然後好好的儲存在智能腦**。

就算有些事情孩子當下無法理解，但只要能擴展世界觀就有意義。因為你現在所分享的事物，在未來都會變成孩子的經驗，增廣見聞永遠不嫌早。

如前所述，智能腦約在一歲左右開始發育。也就是說，一歲左右的孩子開始會說話了。

這個時期除了要將體能腦放在第一順位，同時也可以開始逐步培育孩子的智能腦。

滿一歲之後，別跟他說疊字

重點是，不要再說疊字幼幼語。我想應該很少有家庭能做到這一點。

這裡是指，跟大人一樣說完整的句子。也就是，要有明確的主詞、述詞[4]，能明確說出自己的想法或理由。

就算是幼兒——應該說，正因為是幼兒，更要讓他從小就練習聽有主詞、述詞的完整句子。尤其在語言大爆發時（按：約兩歲左右），讓他練習用正確的語句來表達需求。

而第一步，就是父母要說完整的句子。即便要吆喝孩子，劈頭就說：「不行！」接著也要明確說出理由。例如，突然跑到馬路上，萬一被車子撞到有可能會死掉，所以不可以跑到馬路上。

還有，語詞不要太抽象或曖昧不明。若孩子已達學齡，尤其要注意這點。何謂曖昧不明的說法？

舉例來說，「快點收好」的「收好」。

這種表現方式一點都不具體，孩子聽了只會覺得爸爸／媽媽在生氣，何謂「收好」，其實有聽沒有懂，更不知道自己該怎麼做。

這時父母應該要明確的表達，希望孩子把什麼東西收到哪裡、達成什麼樣的狀態（見下頁圖表 2–6）。

以我們家為例，大家一起共用客廳的長桌、工作桌、讀書桌時，我會制定以下規矩：

「妳可以玩，但不可以弄亂其他地方。」

「媽媽的房間跟客廳，都不可以弄亂。」

「如果東西亂放，有可能會被丟進垃圾袋！」

我制定了規矩，垃圾袋也確實登場過好幾次。反之，按照規則，在女兒的活動範圍內，不管她弄得有多亂，我都眼不見為淨。

4. 主詞通常是名詞、代名詞或名詞相等語，述詞則是說明主語的性質或狀態。

圖表 2-6　責罵，也要說出明確的理由

像這樣，制定規矩並且要求孩子遵守，就一定得用完整的句子。要遵守的理由，也務必要好好說明。

比方說：「東西亂丟在地板上，如果其他人踩到的話，會受傷、會很痛，所以要收起來，不可以散亂在地上。」

在要求孩子遵守規範時，最起碼要做到：具體、有邏輯。

訓練他說完整的句子

在親子溝通方面，我發現很多家庭不太會要求孩子用完整的句子，表達需求。

「我要買！」、「媽媽！果汁！」像這樣，只會用單字來拜託父母的孩子多到令我嘆為觀止。

更好的做法是：

「我想買〇〇參考書，因為念數學會需要用到，一本的價格是兩百五十元，可以請媽媽幫我出錢嗎？」

「這個星期日，我和〇〇約好要去咖啡廳，請媽媽給我車錢好嗎？」

像這樣，**有事拜託父母時，我會要求孩子把理由說清楚**。

大家發現了嗎？有很多家庭不願意給孩子跟朋友出去玩的錢，但如果是學校要用的花費，就無條件出錢。結果，父母為了滿足孩子，反而越花越多，這類案例屢見不鮮。

我想強調的是，這兩者的「錢」不應該有區別。不只是我們家，整個社會對於有人需要金錢花用，都必須經過申請及說明，對吧？為了讓孩子明白這個最基本的道理，如何有禮貌的表達就至關重要。

所以，**在討論買或不買之前，應該要告訴孩子：請用完整的句子**。

「誰？想要什麼？為什麼想要？不好好說的話，別人會聽不懂。」父母有義務要求孩子好好說話。

當孩子吵著買果汁時，也是一樣，父母可以對孩子說：「什麼果汁？」在英語圈國家，沒有家長會因為孩子只說「Juice!」，就把果汁拿出來。最低限度是「Juice, please.」，就連兩歲小孩想喝果汁也不例外。Please 是禮貌用語，因此要求孩子說請給我果汁，一點也不為過。

從一歲到兩歲，不妨讓孩子開始試著練習小短句，隨著年齡漸長，再指導孩子理解為什麼、怎麼做等細節。

如此一來，孩子的表達能力便會越來越好。

溝通，就是思考力

使用語言及字彙的能力，就是國語能力的基礎。

近年來，學童與年輕人的閱讀能力有普遍下滑的趨勢。根據經濟合作暨發展組織（OECD）主辦的國際學生能力評量計畫（Programme for International Student Assessment，簡稱PISA）調查結果，發現日本人的閱讀能力成績逐年低下[5]。

我認為此現象的主因在於，家庭內部溝通不足，家長沒有使用完整的句子，導致孩子語彙量不足，也就是能拿出來用的語彙太少了。

所謂的溝通，是雙向來往才能成立，而非單方面的傳達，引導對方說出來，更是家庭內不可或缺的重要交流。而且**藉由增加詞彙量、刺激孩子嘗試表達自己的想法，也能促進思考能力**。

在大腦中，與思考密切相關的部位為前額葉。

前額葉可說是心智腦的據點，它負責統整儲存在智能腦的情報、資訊並做出判斷，這個過程就是「思考」。

換句話說，前額葉的成熟與否，非常重要。

事實上，有很多孩子在校成績很優秀，卻缺乏思考能力。一旦需要邏輯思考、論述問題時，就會讓他們非常慌張。

日本人素來擅長的數學也是一樣，很多學生很會計算，卻常常因為看不懂題目，而不會解題。

這是因為，計算能力雖隸屬於智能腦，但若沒有好好鍛鍊前額葉，根本無法發揮解題能力，也就是將每一步計算歸納出正確解答。

令人感到意外的是，很多家長對此漠不關心。

例如，有位媽媽因孩子考上私立名校卻拒絕上學，而找我諮詢。我與當事者親自面談之後，我告訴案主，孩子不太會說話，問題可能出在大腦內的語言系統尚未建構成熟。

結果，對方聽完勃然大怒並反駁：「怎麼可能？我家孩子的國語成績偏

5. OECD每三年做一次PISA，二〇二二年對全球八十一個國家，近七十萬名、年齡十五歲的學生，評估數學、科學、閱讀等能力，臺灣在閱讀項目拿下第五名。

差值[6]有七十分！」

我感到相當不解，家長為何只看國語考試成績，卻不在乎孩子應該要具備的溝通語言能力。

這類型的家長往往只注重考試技巧、追求成績，卻忽略了孩子腦中的語彙量及使用語言的能力，即便這才是最重要的。

讀書，無法活化前額葉

想要提升國語能力，多讀書應該最有效？

我想很多父母應該都這麼認為。確實，閱讀有助於發展語言能力，我也很推薦從小培養孩子閱讀的習慣。

但要特別注意，一味的要求孩子讀書，只會造成反效果。若是把閱讀當成義務，孩子反而會對讀書越來越排斥。

想讓孩子多接觸書本，最好的做法就是家長自己也能享受閱讀的樂趣，並打造出書香氣息。

還有，很多人都誤解「讀書」了。

無論是父母大聲朗讀或孩子自己一個人讀，單純只是閱讀的話，並不會刺激前額葉。目前已證實，孩子在閱讀時，只有掌管視覺的枕葉、語言能力的顳葉，以及體能腦的大腦邊緣體系統，大腦的神經細胞會被活化。

換句話說，讀書不能只有閱讀，必須完整消化內容並且好好思考，才有意義。

在逐字閱讀時，前額葉沒有任何反應；但讀一個段落後將目光暫時離開書本、反芻一下剛才讀到的內容、甚至進一步思考與歸納，此時前額葉就會

---

6. 在日本學校，表示學習能力的指標，通常以五十分為平均值、七十五為最高值、二十五分為最低值。

急速活性化。

因此，在閱讀時，由父母引導孩子思考是非常有效的方式。

具體來說，要怎麼引導孩子思考？

我在第三章會進一步詳述。

只顧培育智能腦，成長會停滯

在此之前，我想要再度強調，千萬不能只著重培育智能腦。

不論智能腦有多發達，若最後無法與心智腦產生連結，遲早都會面臨成長乏力的問題。

學生時期，認真讀書的學生往往能獲得優秀的成績，成為眾人眼中的模範生，並受到周遭的稱讚與推崇。然而，這類型學生踏入社會後，卻常常面臨成長停滯的狀況。

此時，過去看起來半調子、表現不上不下、跟模範生相差甚遠的另外一群學生，卻在社會上表現得很亮眼，令眾人刮目相看。

這樣的案例比比皆是。

這就是只鍛鍊智能腦與**前額葉**的差異。

普遍來說，**後者才是屬於比較容易成功的類型**。

京都大學教授，榮獲諾貝爾生理學、醫學獎的山中伸彌教授，就是屬於後者。

山中教授在神戶大學就讀時，和我是同屆。他在大學時代非常熱衷於橄欖球，甚至還很常蹺課。尤其在醫學院，這種充斥著強者的環境中，他幾乎沒有表現的機會。

然而現在的他，卻活躍於醫學界的最頂端。

山中教授不僅智能表現非常優秀，他的思考力、探究力也同樣非常出色；更重要的是，他的心智腦，也就是在社會生存的能力也很強。這使得他以學者的身分取得了真正的成功。我親眼見證了這一點，也讓我也更加堅信自己的論點。

即使不是學術界，在一般社會中也是如此。無論擁有的知識量再多，如果缺乏心智腦來歸納統整，在遇到問題時，依舊難以找到解決對策，更遑論要提出創新的方法。

事實上，考試也是一樣的道理。有些大學入學考試，或許靠填鴨式死背也能過關；但是，有越來越多學校的出題方向，已不僅限於課本上的知識，尤其是一流大學。

因此，在培育智能腦之前，更重要的是培育自主思考的能力，如此在面對新題型時，才能臨機應變。

智能腦的發育亦正值吸收知識的階段，在這個時期，我們必須讓孩子了解——學習是件快樂的事。

大腦喜歡快樂學

獲得知識，在本質上是一件令人喜悅的事。從不懂到懂，這個過程非常暢快；透過活用知識學會更多，孩子在學習過程中，也會越來越雀躍。

製造機會、引導孩子增加正向經驗，就是我們大人最重要的任務。

所有成功者無一例外，都擁有愉快的學習經驗。他們通常不需要別人督促，而是自動自發的學習所有事物。

不過，他們也不是一開始就喜歡學習。基本上，應該沒有人會在小學時期就對念書興致勃勃。

儘管如此，如果父母能幫助孩子打造一個快樂學習的大腦，孩子終有一天會變得自動自發、樂於學習。

可惜多數父母只會一直叨唸「快去讀書」，反而讓孩子備感壓力。

孩子原本可以抱著看漫畫或課外讀物的心情，輕鬆閱讀教科書或圖鑑，但是被父母這樣一逼，反而心生反感，對讀書再也感受不到樂趣。如此遺憾的案例，隨處可見。

而且這種錯誤的溝通方式，極有可能會陷入惡性循環。我經常聽到有家長表示，小時候最討厭爸媽一直逼自己讀書，結果不知不覺中，竟也用同樣的方式對待孩子。為了避免重蹈覆轍，請把過去當成負面教材提醒自己。

另外，身邊周遭環境的影響力也不容小覷。最常見的例子就是，有些父母原本覺得課業順其自然就好，結果在得知其他孩子早早就成了「小小考生」之後，卻開始逼孩子念書。

但是，一旦孩子覺得「用功好無趣，但不用功不行」，智能腦也會受到限制。因此，家長要做好心理建設——別人是別人，我們是我們，應該要用適合的方式來培育孩子的智能腦。

充實家庭生活，讓孩子大量累積正面經驗及樂趣，並耐心等待他們，這才是正確的方式。

用生活故事，加深記憶

智能腦儲存大量知識後，心智腦會整合這些資訊，這種能力也稱作「大腦說故事」的能力。

透過教科書或圖鑑、字典所獲得的資訊通常是片段的，而心智腦便會將這些片段整合為：「因為○○，所以△△。」、「說到○○，其實就跟△△是一樣的。」

在智能腦階段，累積更多經驗，就等於為心智腦儲存了更多說故事的材料。材料越豐富，故事就越能留下深刻印象。

也正因為如此，在累積各種經驗的同時，親子同樂非常重要。

一起旅行或去看運動比賽，這樣的活動固然很好，但更好的做法是，在每天的生活中安排「共同作業」。例如一起摺衣服、煎蛋之類的日常，這對孩子來說都是「活知識」。

智能腦也可以說是「記憶腦」。

要加深記憶最有效的方式，就是實際經歷。

例如，有些人不擅長背誦歷史，但是因為老師上課很有趣，所以不知不覺就記下來了。換句話說，當知識「灌輸」到腦內時，若能伴隨特別深刻的記憶點，就會被牢牢記在腦海裡。

尤其是親子之間的記憶。「那時候媽媽笑了」、「那時候我覺得爸爸的手好大」，這類伴隨著實際經歷的記憶，絕對難以忘懷。

我印象很深刻，我和女兒一起做玉子燒時，曾聊到蛋白質。當時的我一邊煎蛋，一邊對女兒說：「妳看，蛋黃的部分是半熟，蛋白則已經變硬了。」女兒因此注意到蛋黃比較不容易凝固。之後，我再繼續告訴女兒：

「蛋白的蛋白質含量比較高。」並趁這個機會，教她蛋白質沸點的相關知識。我相信比起死背硬記，這種親子同樂的記憶肯定更令人印象深刻。

使用網路要有目的

自日本文部科學省（按：相當於臺灣的教育部）推動「GIGA School」計畫以來，中小學的ＩＣＴ教育（Information and Communication Technology，資訊及通訊科學教育）正快速往下扎根。學生不僅每人配備一臺平板，教材和作業管理等也全部數位化。

那麼，孩子從小學就開始接觸網路，這對他大腦究竟是好是壞？

我認為，直到孩子五歲之前，都應該盡量避免使用３Ｃ產品。畢竟，對於正在發育中的體能腦來說，外部刺激應以五感為主，過早接觸現代科技工具絕對弊大於利。

不過，當孩子上小學之後，智能腦也開始發育。此時，ICT教育作為資訊工具的應用，可以促進智能腦的發展。孩子越精通網路，獲得的資訊量也會越多，這勢必會是一種優勢。

但重點是，**孩子們必須知道自己使用網路的目的**。

每個人個性的好奇心、探究心，此時便派上用場。藉由網路，孩子能尋找未來可運用的資源，並充分發揮自己的能力。

假設孩子喜歡圍棋，那透過網路，在線上與人對戰、磨練自己的棋藝，對他來說肯定會是非常快樂的經驗。

儘管如此，五感的刺激仍然有其必要。棋子的觸感、抬起手在棋盤上游移的動作、下棋子的聲響等，這些都是五感。若孩子缺乏來自三次元訊息（按：即日常生活中所處的環境）的五感經驗，大腦也無法完整整合這些體驗。

家長的任務，就是幫孩子補足五感的刺激。**當你發現孩子對某些事物感**

興趣時，便可以為他們提供實際體驗的機會。

學校課業也是如此。

比如說，孩子對課本上的鎌倉時代（按：從一一八五年至一三三三年）感興趣，那就實際帶孩子去趟鎌倉旅行。走一遭若宮大路[7]的段葛參道，看看鶴岡八幡宮[8]的銀杏樹樁，也不要忘了走進鎌倉大佛[9]的肚子。

參加校外教學時只能走馬看花，親子出遊則可以徹底玩個滿足，這正是只有父母才能做到的事。

那麼，怎麼知道孩子對什麼感興趣？

觀察到孩子對某項事物特別沉迷、專注時，不妨主動問：

---

7. 若宮大路，通往鶴岡八幡宮的參道，這是鎌倉時代第一代將軍源賴朝，為祈求妻子北條政子順利生產所建。
8. 日本三大八幡宮之一，供奉武士守護神八幡神。
9. 坐落在高德院的庭院中，這座寺廟隸屬於佛教的淨土宗。

「那是什麼？」

「你喜歡這個嗎？」

「你覺得這個哪裡有趣？」

相信孩子一定會滔滔不絕。

人天生就喜歡談論自己感興趣的事物，如果此時父母也能產生共鳴並與孩子共同體驗，那就太完美了。

這些令人雀躍的體驗，對孩子來說都是最珍貴的禮物。

不要期待孩子有同理心

讀到這裡，希望大家都能理解，培育智能腦，就是在為心智腦做準備。

心智腦通常要等到十歲左右，才會開始真正成長。在十歲之前，孩子無法理解「先自己思考再行動」、「要有同理心」、「控制情緒」等概念。

因此，家長在這個階段，不應該對孩子抱著錯誤的期待，例如：「希望他能自己好好想想再行動」、「我真希望他能多體貼一點」。

相反的，如果希望孩子之後能理解這些概念，則應該**在十歲之前做好準備。也就是在培育智能腦的時候，灌輸「同理心」的概念**。**方法非常簡單，家長以身作則就行了**。

例如，搭電車時，看到高齡長輩或行動不便的人，家長應主動讓座。經過幾次示範之後，孩子的大腦就會知道下次要怎麼做。

當孩子惹麻煩時也一樣。

例如，餐廳裡孩子坐不住，結果打翻隔壁桌的杯子，這時家長就應該立刻起身向對方說對不起（見第一二九頁圖表2-7）。

在這種情況下，父母大都是怒斥孩子「你在幹嘛」，或是對孩子大吼「還不快點跟人家道歉」，甚至出手押著孩子的頭道歉。但是這麼做，孩子當下只是聽父母的話低頭，嘴巴上說出「對不起」而已，仍然不懂什麼叫「真心誠意的道歉」。

從家長口中聽到的對不起，以及道歉的低頭姿態，才能真正留在孩子的記憶中。因為父母是孩子最信賴的大人，所有言行都會深深烙印在孩子的大腦裡。

這些經驗累積起來，都是日後建立同理心的素材。

當心智腦開始發育，大腦會將累積起來的素材加以整合，孩子就能夠自己判斷好壞，進而採取行動。

圖表 2-7　智能腦活躍，建立同理心才有效

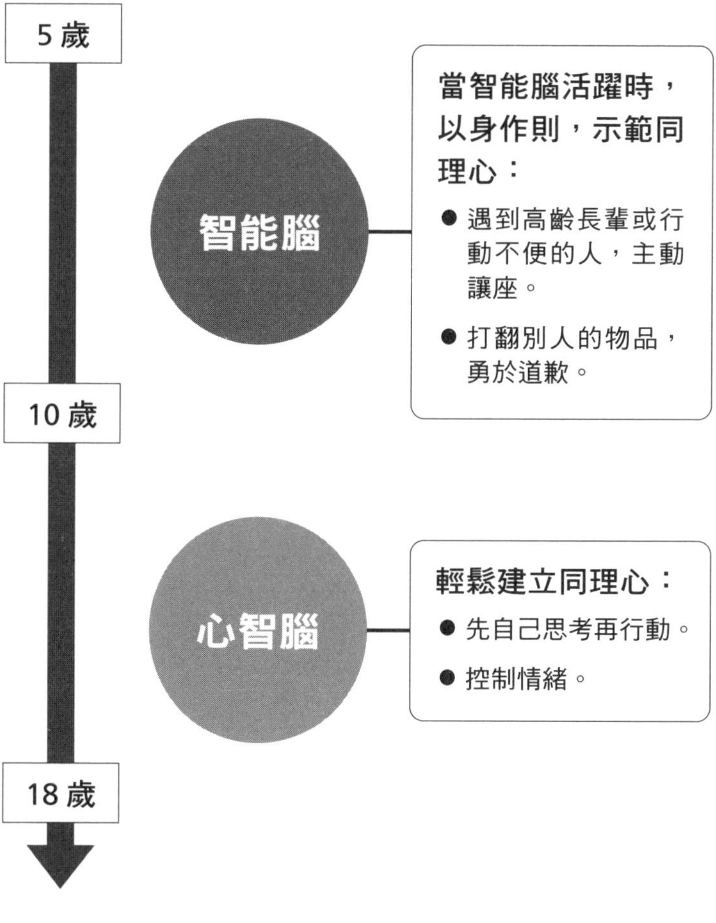
5 歲
10 歲
18 歲
智能腦
當智能腦活躍時，以身作則，示範同理心：
● 遇到高齡長輩或行動不便的人，主動讓座。
● 打翻別人的物品，勇於道歉。
心智腦
輕鬆建立同理心：
● 先自己思考再行動。
● 控制情緒。

本章重點

- 智能腦主要負責語言、計算、記憶、運動協調，以及精細動作等。等到上小學之後，才會進入智能腦發育的高峰期。
- 培育智能腦，並不是指寫作業或上補習班，而是讓孩子累積經驗。
- 讀書，無法活化前額葉，必須反芻剛才讀到的內容、甚至進一步思考與歸納。

第 3 章

心智腦，
韌性強不易衝動

五歲以前，透過早睡早起及規律進食，打好體能腦基礎。

十歲以前，與父母一起增加各種體驗，培育智能腦。

之後——孩子十歲左右，心智腦就會開始成長。

儲存在智能腦的知識及記憶，會促進心智腦的發育；累積越多，心智腦就越發達。

心智腦會一直持續成長至十八歲左右，黃金期大約是十歲到十四歲。也就是，小學高年級到國中，這個時期的成長最為快速。

容我在這裡再次介紹心智腦。

心智腦位於前額葉，以及從體能腦所延伸出來的神經迴路中，透過血清素神經連結至前額葉，可以促進正向思維。

依據心智腦的運作，能幫助我們控制住情緒、觀察周遭的情況，並採取最適當的行動。

例如，孩子還小時只能憑藉著情動來行動，當心智腦發育之後，透過與前額葉的連結，情感開始發揮作用，他們就可以克制自己的衝動或情緒（見第一三四頁圖表 3-1）。

心智腦，讓人活得幸福

還有，心智腦也負責邏輯思考。

假設一個人在家遇到停電，只有情動的時候，我們只會感到害怕；但是心智腦能幫助我們冷靜下來並思考——先打開手機的手電筒，然後打開斷路器的開關，說不定會有電。

再來，想像力與同理心，也屬於心智腦的範疇。幫助有困難的人、收集並歸納朋友們的意見；或是在爸媽下班回家之前，先幫忙放好泡澡的熱水，連這種體貼的舉動也做得到。

更重要的是，面對逆境不會輕易灰心、能勇敢向前，這種「心理韌性」

圖表 3-1　心智腦的作用

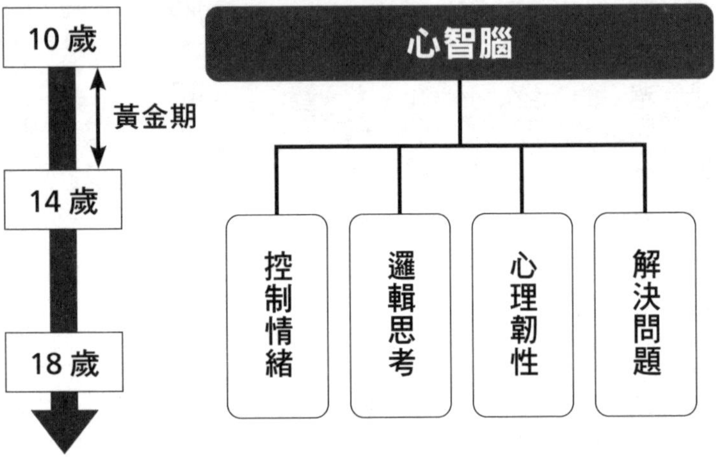

（Resilience）也是心智腦的能力之一。

例如，面對不如意時，能換個角度思考，告訴自己順境或逆境，端看自己怎麼想；或是面對困難時，能激勵自己換個方式，進而解決問題。

心智腦發達，除了可以去除不安、解決問題，還能讓我們與他人建立良好互動關係。

總結來說，心智腦可以說是掌握「讓人活得幸福」的關鍵的腦。

三件事，刺激前額葉

從十歲開始，為了讓前額葉大幅成長，需要提前培育。因此，在體能腦、智能腦階段，家長可以從以下三個方面著手：

① 給予安心感

簡單來說，只要前額葉的判斷沒有問題，心智腦就能正常運作。如果希望孩子能控制不安的情緒、用邏輯思考解決問題、適時伸出援手等，家長就必須從小給予足夠的安心感。尤其當孩子感到不安、疼痛、失望時，家長更要提供滿滿的安心感。

② 引導說話

當我們嘗試**將內心的想法轉化為語言時同時，也會刺激前額葉**。我在上一章提到的引導孩子說話，就是非常有效的方法。家長可以藉由日常對話，打造出讓孩子暢所欲言的環境。

③制定規矩

前額葉發達到極致，孩子的倫理觀念及價值觀也會逐漸成形。家庭中的規矩，也就是家規，有助於孩子建立正確價值觀。

不過，制定過於繁複的規矩意義不大，應以做人、作為社會一分子，以及以生存必備能力等觀念為前提。

也就是說，規矩的內容越簡單、越直觀越好。

接下來，我將說明如何具體落實這三件事。

在漫長的人生道路上，我們總會遭遇無數次的困難與困境。遇到人生關卡時，要悲觀想著「完蛋了」，還是樂觀以對，依心態上的不同，不僅會導致結果截然不同，還可能使人生發生劇變。

但是，所謂的沒關係，其實是非常抽象的詞彙，因為它並不是物品，也沒有具體的模樣。真要說的話，它是一種狀態、概念。

多用樂觀語調

一般來說，孩子的大腦要到十歲左右，才能開始慢慢理解抽象概念。然而，就算無法理解，孩子依然可以從父母的口氣與聲調，學習如何將不安及驚嚇的情緒轉化成安心與希望等正面情緒。

例如，要去車站搭車，但沒趕上，只能眼睜睜看著列車呼嘯而過，此時父母如果說：「哎呀，車子走掉了。沒關係！下一班車很快就來了！」孩子原本一臉失望馬上就轉為滿臉笑容。

這是因為，孩子親身體驗到父母如何示範沒關係。更簡單一點的例子，當孩子跌倒時，父母會安慰孩子說：「痛痛飛走囉！」這種安慰其實也是類似的概念。

以成人的角度而言，說：「痛痛飛走囉～飛到山的另一邊，所以沒關係！沒事了！」確實不太有說服力，但是對嬰幼兒來說，這樣的安慰已經非常有效。

當孩子看到父母的笑臉、聽到安慰的聲調時，通常很快就能停止哭泣。不過，孩子滿五歲後，通常會開始反駁或頂嘴。這時要如何給予合理的安慰，就需要一點技巧。

以前每當我女兒跌倒時，我會說：

「媽媽是醫生，妳有沒有骨折，我一看就知道！」

「妳的踝關節？還能動，很好！」

「妳的腿關節？還能動，很好！」

「妳的膝關節？還能動，很好！」

「妳都沒有骨折！所以沒關係！不用擔心！」

到了女兒十歲左右，她會自己動動腳踝、膝蓋、抬抬大腿，然後說：「很好！我都沒有骨折，沒關係！」這代表她的心智腦已開始發育，能夠為自己創造安心感。

給予孩子安心感，無非就是希望孩子將來擁有足夠的抗壓性。

當我們陷入低潮時，雖然可以從別人身上得到建議或安慰，但終究還是必須靠自己克服。

如果父母從小就提供足夠的安心感，孩子長大後也能更好的照顧自己的情緒。

無論是幼兒時期不需要邏輯的安撫，或是五歲之後合理的安慰，這些都能讓孩子變得更堅強，並且在長大後更積極、更具應變能力。

不要直接糾正錯誤

在培育前額葉的發展過程中，將思考轉化成語言是不可或缺的。而引導孩子表達想法，就是父母所能給予的最大支持。

每當我這麼說，經常有家長們回答：「我當然知道，所以我很常問孩子問題！」

確實，許多家長經常會提問，然而，這樣就能引導孩子自由表達嗎？

例如：天空為什麼是藍色的？

這件事本身並無不妥，但是，一旦家長內心那股「希望孩子多學習」、「希望孩子變聰明」的欲望太強烈，反而會在無形中造成壓力。事實上，當孩子的回答不如預期時，有些家長甚至會直接指正出錯誤。

這種做法對前額葉的發育毫無幫助。其實，最重要的是，鼓勵孩子自由發揮，而不是否定孩子。

舉例來說，讀完童話《桃太郎》，可以問孩子故事內容，但不要設定標準答案。比如，你可以問：「故事裡的老婆婆去哪了？」即使聽到孩子回答鬼島，也不要直接糾正孩子。

要記得，就算孩子說錯也沒關係，家長的目的是要引導孩子說更多。尤其面對嬰幼兒期的幼童，這是鐵則。

能否說出標準答案並不重要，而是**藉由引導孩子表達，將大腦中的思考轉化成語言，促進前額葉活性化，這才是最重要的**。

因此，家長只要順著孩子的話回應：「是喔，老婆婆去了鬼島！」、「真有趣，然後呢？」藉由營造輕鬆有趣的氣氛，鼓勵孩子勇於表達。

其他的故事橋段也是如此，讓孩子自由發揮、想說什麼就說什麼，最後你會發現，孩子可能會創造出與原著截然不同的「新桃太郎」，這不也是一種樂趣嗎？

不要否定與指正錯誤，也不需要刻意吹捧，家長只要肯定孩子的創意就足夠了。

處在不會被否定且充滿安心感的環境，孩子想說什麼就說什麼，如此心智腦就能蓬勃發育、成長茁壯。

在家也可以講廢話

然而，孩子在與同儕相處的小型社會中，也會面臨與來自大人截然不同的壓力。

孩子與同儕相處、聊天打鬧時，偶爾難免會被起鬨說些好笑的話題，然後孩子可能就會擔心自己不好笑。

同齡的孩子聚集在一起時，說話幽默又詼諧的人比較受歡迎，這無可厚非。但是，如果孩子連在家都不能放鬆就太沒道理了。

因此，請讓「家」成為孩子自由表達自己想法的地方——讓孩子在家裡暢所欲言，就算說話很無趣或講廢話都沒關係，請給予他們真正的自由與安心感。

孩子的發想都很獨特，不論是什麼樣個性的孩子，或多或少都能說出令大人莞爾一笑的話，甚至偶爾也會令人驚豔。

但我認為家長不應該對孩子過度期待。即便有些發言或許對大人來說毫無意義甚至是無聊，不妨就讓孩子暢所欲言吧！

畢竟這對促進前額葉發展，也是有意義的。

「家」是一個安全地帶，只要在家，就讓孩子想說什麼就說什麼。但是在外面，比如學校，則會受到一定程度的限制。這時，孩子就可以試著去判斷：「這個不要講比較好」、「這個可以講」。

像這樣，先給一個大範圍，然後再予以調整與規範，這才是最合適的發展進程。

如果一開始就設定各種限制，反而會扼殺孩子原本該有的創造力。甚至長時間受到限制，導致壓力累積，在外面又不知道「什麼可以說、什麼不能說」——反而可能會導致孩子容易與他人為敵，甚至是霸凌他人，這風險不可不慎。

想要培養孩子的同理心，第一步就是給予發言的安全與自由，讓孩子徹底放心在家裡暢所欲言。

讓他介紹每天都在玩的遊戲

近十年來，YouTube與TikTok（抖音）等影音平臺，儼然已成為年輕人日常生活的一部分。

大學生們越來越傾向透過影片，而非文字來獲取知識，也有越來越多的中小學生用看動畫來學習課業。

但是，若以發展前額葉的觀點來看，影片並非最有效的方法。就如同我在前面提到的，孩子必須將學習到的知識轉化成語言，並且說出來，這才是真正的活用。

在這一點上，影片動畫就遠不如文字資訊。

請試想一下，當我們要將學到的內容傳達給他人時，哪一種比較好開口表達？

當然是透過書籍所獲得的文字資訊，比較有條有理、容易開口表達。要消化影片的視覺資訊，其實一點都不容易。

於是，你會發現，現在孩子的表達方式，常常讓人完全摸不著頭緒，例如：「這個大傢伙『磅！』的出現，然後又『碰！』的變化……。」

這是因為，孩子詞彙量不足，因此只好用一堆狀聲詞來充數。

可是，要將影像轉化成語言必須具備足夠的詞彙，包括色彩、大小、形狀，否則根本什麼都說不出來。

要增加這些形容、說明的詞彙，僅靠影音或社群短文還不夠，必須透過閱讀書籍、與大人交流對話，讓孩子實際輸出更多的語彙。

因此，在培育智能腦時，不能只偏重影像，要讓孩子多多接觸文字，這點請家長務必放在心上。

說到影音，若能好好利用，其實也是鍛鍊前額葉的大好機會。

用文字表達之所以不容易，是因為當孩子努力用語言描述時，這個過程會促使前額葉全力運作。

實際上，有人曾做過一項實驗。首先，讓孩子玩一個簡單的電玩小遊戲，接著問：「你剛才玩的是什麼樣的遊戲？」

也就是，要求孩子試著表達剛才看到的影像。**結果發現，越是努力說明的孩子，其前額葉活性化程度越高**。

如果孩子本身語彙量不夠多，看影像說故事或許會太難。在剛開始練習的階段，不妨先試試看：**看圖說故事**。在家偶爾也可以試著讓孩子描述：現在正在做什麼或沉迷什麼。

影片、戲劇甚至卡通動畫，也是很好的素材。家長可以主動問孩子：「昨天那集在演什麼？」、「爸爸／媽媽沒看到，你可以跟我說嗎？」

這就是一個讓孩子練習說明的契機。

由於故事內容通常比較長，讓孩子練習講述劇情大意，也能幫助他們學會抓重點並歸納的能力。

當然，在孩子年紀還小時，說不好是很正常的。但別忘記《桃太郎》的例子，千萬不要強求子女一定要說到百分百正確，家長只要保持愉快的心情，讓孩子的前額葉運作就好。

我尤其推薦，**讓孩子介紹自己每天都會玩的電玩遊戲**。

就我所知有許多家庭，孩子每天都會打電動；家長罵歸罵，也會注意孩子沉迷的程度，但幾乎沒有人會去關心孩子玩的電動內容，更遑論請孩子分享，這非常可惜。

當家長請孩子介紹他們感興趣的東西，孩子會非常起勁，例如：「裡面有個角色叫〇〇！」、「他要去冒險了！」然後滔滔不絕說個不停。

或許這些話仍顯得稚氣未脫，但這樣子才好。對孩子來說，能夠說明自己玩過的遊戲內容，會讓他們感覺「很容易」，並且能輕鬆愉快的將想法表達出來。

當孩子在玩遊戲時，前額葉完全不會運作。但是，當孩子要跟別人說自己在玩什麼時，前額葉就會開始活化。

這種大好機會，各位家長真的要好好把握。

講大道理會阻礙前額葉

讀到這裡，或許很多人會感到訝異，原來孩子說錯話時，我們不應該立即否定，而是要接受他。

大多數家長聽到孩子說錯話，經常會立刻予以指正。這是因為，家長的目的不是引導孩子說話，而是只想聽到正確答案。

事實上，家長將注意力放錯地方了。**心智腦持續成長，孩子遲早會自己發現錯誤、也會自己修正**。家長只要相信這一點，也就是「相信孩子」非常重要。

日常生活中，也是一樣的道理。與其對孩子碎唸：「不要再玩了，趕快去讀書！」不如相信孩子遲早會自己去讀書。

因為不相信，所以就會一直碎唸。長期下來反而會離「遲早」越來越遠，也就是越來越「遲」。

尤其這種時候，說大道理反而會剝奪孩子鍛鍊前額葉的機會。

「我勸你要好好讀書，讀書對將來比較有幫助。」就算是用溫柔的口吻，也只有反效果。因為一旦家長先說出大道理，孩子就不會自己思考。

有些孩子會順從的回答「知道了」，也有些孩子會不滿的抱怨「囉唆」，然後更加拖拖拉拉。不管哪一種，兩者都是直覺反應，孩子的大腦完全沒有思考現在不去讀書的後果。

如此一來，一旦前額葉的發展受到阻礙，孩子會就此停滯在：「爸媽沒唸，我就不讀書了」或「就算被唸，我也不想讀書」的階段。

明明家長是為了讓孩子讀書才碎唸，結果卻造成反效果。

所以，就算家長很想碎唸也請忍住，讓孩子自己思考吧！

心智腦發育完善的孩子會想：「好想看漫畫，也好想打電動，可是明天有考試，現在不讀書不行。」然後促使自己採取行動。

為了**等待孩子自己會想的那一天到來，家長也需要有耐心、有自制力**。

制定兩條、三條家規

「不能說大道理，要是孩子無法無天，怎麼辦？」

或許有些家長會這麼想。確實，有些大道理還是有其必要性。

怎麼判斷？

這裡的指標就是「家規」。由各個家庭自行制定只屬於自己家的家規，這個做法非常有效。

在我的機構，我將家規稱之為「軸心」。面對來到機構尋求協助的家長們，我都會建議他們可以**制定兩條到三條軸心**。

軸心大致可分為兩個要素。一個是基於社會常識，絕對要遵守的事項。例如不可以犯罪、不可以竊盜等。

另一個則是，不管別人家怎麼樣，在自己家就一定要遵守的規則。例如：晚上九點要上床睡覺、拜託父母要有禮貌等。

制定軸心（家規）後，所有家庭成員都必須遵守。若是牴觸違規，就要有被責罵與糾正的覺悟。

軸心至多三條。不論哪一條，都是以生命安全為最大準則。

基本上，不可以犯罪，這毋庸置疑；晚上九點上床睡覺，是為了讓維持生命機能的體能腦好好發育，同樣不可或缺。再來就是，為了要讓孩子在社會上生存下去，家長可依自身的價值觀來嚴格制定家規。

如此一來，許多父母一定會察覺。原來自己每天耳提面命的大道理其實大都跟生命、生存沒有太大關係。

當中，最具代表性的，就是「去唸書」。

「一定要去上學」，其實也是一樣。如果把這條制定為家規，當孩子某天不想上學時，家長就會不管三七二十一，強押著孩子說：「不管！給我去上學！」

其實，這種時候家長只要淡定回應：「你不想去嗎？好。」然後不要管太多就好。

因為孩子也知道自己應該要去上學，因此對於家長這樣回應，他反而會疑惑：「媽媽竟然沒說什麼？」然後接著說出不想上學的真正原因。

例如：我跟〇〇吵架了，所以我不想去上學。

這時候，家長也要淡定平穩的回應：「這樣啊，你們吵架了啊！」在這個時期，假使孩子十歲左右，他會自己想「不去上學是不行的」，然後逐漸領悟出其中的道理。

失敗，想想：「下次該怎麼做？」

換句話說，用強硬灌輸的方式講道理沒有用，必須讓當事人自己想通，才會真正有成效；還有，孩子一開始肯定會失敗，但在失敗的過程中，我們可以引導孩子思考：「下次該怎麼做？」

以下分享一個案例。

有個小學男生整天沉迷手機遊戲，幾乎手機不離身、一整天玩個不停。雖然家長也認為不能沉迷玩手遊，但在家長開口之前，某天小男生自己對媽媽說：「從今天開始，晚上七點一到，我就把手機交給媽媽。」

媽媽心想孩子肯定做不到，但表面上仍不動聲色，只淡定的對孩子說知道了。

結果不出所料，失敗了。

後來，他們將規則改成晚上八點歸還手機，但也一樣失敗了。可是，他們繼續調整規則，從八點十五分、八點半持續嘗試，最後孩子終於養成習慣，在每天晚上八點五十分，主動把手機交給媽媽。

像這樣，孩子靠自己找出妥協點，在失敗的過程中，亦代表前額葉正在發育。

順帶一提，這個案例的家庭，也是規定晚上九點前就寢。若違反家規，就會被家長無情斥責。因此，孩子在晚上八點五十分歸還手機，算是勉強守住最後底線。

孩子的媽媽對於這樣的結果，還是不太滿意。

媽媽表示：「拖到最後一刻才放下手機，我好心提醒，他還會頂嘴：『最後有趕上九點睡覺就好了嘛！』」

但是，這樣也沒有不好。孩子會「頂嘴」，代表大腦正在運作。在不違反家規的前提之下，孩子自己想出的結論，就是趕在最後一刻交出手機然後去睡覺。

像這樣，**反覆經歷失敗、然後調整與修正，孩子失敗的次數會越來越少，上了中學之後，就會更懂得管理自己的時間。**

再舉個案例，某位練習劍道的國中女生，她只要一滑手機就會停不下來，結果常常耽誤到練習。但後來她給自己訂下了規矩：放學回到家就不再碰手機。確實執行之後，她終於可以好好上劍道課。

以前的父母總是用責罵怒吼來灌輸大道理，想當然完全起不了作用。只有當孩子自己思考並主動改變做法時，他們的行為也才會真正改變。

不可以殺人，這件事怎麼教？

在這個社會中，對於道德是非善惡的判斷，讓孩子學會自己思考是非常重要的。

有位中學生的媽媽曾與我分享以下經驗。

某天孩子回到家後，忿忿不平的說：「○○○真是令人不爽！我好想殺了他！」

孩子竟然把殺人說出口，這實在不尋常。媽媽內心雖然有點慌張，但當下忍住了情緒，依然面帶笑容的回應：「是喔，你想殺了他！」

沒想到，面對媽媽的回應，反而換孩子慌張了起來，直說：「沒有啦，當然不可以真的殺人！」然後開始叨叨絮絮說出來龍去脈，最後又再說了一次：「雖然我很不爽，但是我知道不可以真的殺人。」這項規範已在孩子心中根深蒂固。

眾所周知，有人會因一時挫折或衝動就奪走他人性命，而這些人也都知道不可以殺人。不僅學校有教，透過電視新聞或網路，大眾也深知犯下殺人罪的罰則會有多重。

然而，這些人卻依然明知故犯，因為他們並沒有真正理解為什麼不可以殺人。這種行為背後的原因，大都與家庭缺乏溝通有關，導致他們沒有機會學習如何獨立思考、判斷是非善惡。

不可以奪走他人的性命、不可以傷害他人、不可以偷東西……這些社會普世的規範，光只是聽並沒有真實感，也無法與現實連結。

發生在孩子身上的事、父母的經驗、社會事件等，透過每天與孩子的對話交流，聊聊這些話題，最重要的是，**要讓孩子說出自己的想法**。

儘管孩子有時發言不當，但請家長切記，引導子女說出來才是最重要的。**透過討論，讓孩子學會客觀思考，他才能建立起正確的價值觀。**

這才是批判

若能提供一個讓孩子暢所欲言的環境，就能培育出健全的思辨精神。思辨，是指「用自己的腦袋思考」，對於既定事物抱持著疑問與好奇心，不囫圇吞棗，並且能從各種角度分析與判斷，找出不一樣的可能性——我認為近年來，擁有思辨精神的人已越來越少。

就連每次批改學生報告時，我也常看到：「我認為作者說得很對」、「我非常佩服作者」這種缺乏批判性的文章。相比之下，卻很少有學生展現自己的觀點，例如：雖然作者這麼說，但我認為另一種解釋也不錯。

也有些人會將「批判」與「否定」混為一談，然後只會唱反調、說反話、甚至故意輕視對方。但是，當這樣的人在「找碴」時，他們的前額葉並沒有在運作，這是因為經過大腦思考，再針對既定事物進一步分析與判斷，才叫「批判」。

誠如我在前面所言，能確保言論自由的家庭，就是培育孩子批判精神的最佳環境。

要孩子表達意見時，其找碴程度有時也不輸大人，只不過大多較主觀且邏輯薄弱。

這時候，親子的對話就顯得非常重要。

不要劈頭就否定孩子，也不用全盤無條件肯定，而是要引導他思考：

「原來如此，你是這麼想的。如果是這種情況，你怎麼想？」

像這樣，引導孩子從另一個的角度思考，又或是：

「嗯，但如果是爸爸，我會這麼做。你覺得如何？」

分享父母的意見，讓孩子自己做比較，他才能發現想法上的矛盾，並且進一步思考出更具邏輯的觀點。這不僅有助於擴展思維，還能促進前額葉的運作。

透過這樣的親子對話，孩子不僅更能理解對方發言的脈絡，也能學會如何釐清自己的思緒。

除此之外，如果能從家庭教育做起，孩子在社會上也能與他人交流意見；在與他人議論的場合中，也能有亮眼的表現，或是提出具有建設性的意見、結論，成為獨當一面的大人。

練習轉負為正

令人遺憾的是，在孩子的社會中，霸凌仍屢見不鮮。來到機構的孩子們，也有不少人遭到霸凌。

但令我驚訝的是，這些孩子們的韌性。

「那些人是因為睡眠不足，才會浮浮躁躁。」

「因為常常日夜顛倒、作息不正常，所以他們很迷茫，不知道什麼事可以做、不可以做。」

這些貫徹早睡早起的孩子們，他們知道睡飽才能讓大腦好好發育——這也成了讓孩子們能自信表達、談吐得宜的原因。

想要消弭霸凌並非易事，但如果心智腦發展良好，孩子的心靈會變得更強韌。即使未來遭遇霸凌，他們也不會被影響太多或是自尊心受到傷害，並且能抬頭挺胸的生活下去。

要培育孩子的心智腦，首先家長也得好好鍛鍊自己的心智腦。因此，在本機構，我們也會協助家長如何「轉負為正」。

這樣一來，家長們的看法就改變了。當孩子遭遇到霸凌時，不再認為孩子是遇到壞事。有些媽媽聽到孩子說「我絕對不會霸凌別人」時，甚至會很正向的想：「孩子的前額葉發育成長了！」

或許有些人會對此不以為然，但是，比起彼此都陷入憤怒與屈辱之中，有時換個角度思考，感受真的會好很多。

更遑論，大人的社會還有更多不合理的事。

出社會之後，我們的身邊就不可能只有好人。例如：容易發怒的上司、總是唱反調的部屬、自以為是的奧客、愛炫耀的媽媽們等，生活中一定會出現讓我們感到不愉快的人。

為人父母者，想必或多或少都有過上述經歷。不妨將這些經歷當成故事，說給孩子聽。比如：「為了躲避壞心眼的同事，我午休時間都外出吃飯；或是雖然上班很辛苦，但是這樣才能賺錢維持生活。」

像這樣，告訴孩子，每個人都有其艱辛的一面。而藉由父母的分享與對話交流，孩子自然會明白生活不會總是順心如意，這才是真實人生。

心理韌性實驗──遇到困難就求助

在遇到困境或痛苦時，能夠柔軟因應並從中找到克服的方法，這種復原力就是所謂的心理韌性。

數年前，我開始籌劃一項心理韌性的臨床實驗，並以具有發展遲緩特徵的個案們為研究對象。這些個案的心理韌性普遍較低（弱），而實驗的目的，就是要找出原因及改善方法。

我在實驗一開始，首先調查了個案的心理韌性強度，然後讓個案進行前額葉的腦部鍛鍊，再調查強度是否有變化。

測量心理韌性強度的指標為，①自我肯定感、②社會化、③社會支持（social support）這三項。

自我肯定感就如字面所述，社會化則是指與周遭人互動、建立和維持人際關係的能力。而第三項的社會支持，則是指個人可以感受或察覺到周遭人的協助或支持。

發展遲緩的個案們，原本對於上述三項要素的表現指標都很低，但做了六次到十二次的腦部訓練後，回答問題的準確率與心理韌性的強度都明顯提升。其中，又以第三項的「社會支持」提升最多。

這樣的實驗結果，其實多少在我的預料之中。

關於自我肯定感及社會化，若沒有經歷過各種困難，想要提升沒那麼簡單。但是，透過這項實驗以及我們的支援，至少能讓個案感受到他人的支持，而實驗結果也證實了我們的想法。

不論是否發展遲緩，**孩子與大人都一樣，能感受到來自社會的支持，這就是提升心理韌性的重要關鍵**。

其中，還有一個小技巧，就是實際獲得他人協助。當遇到困難時，向外界求助非常重要。

不要逞強，坦率的說出：「我現在需要幫忙！」然後接受他人的幫助、建議，或是也可以請對方單純聽你訴苦。

當我們感受到別人的幫助時，心中會自然湧現感謝之意。而這份心情，就是提升心理韌性的能量來源。

另外，每次執行這項實驗時，隨著受驗者人數與腦部訓練的次數增加，其社會化與自我肯定感也會逐漸提升。

例如：在每次對談中，他們的正面經驗越來越豐富，並且能好好說話、得到對方的理解。當中，也有人在職場應對上變得更圓滑，這結果讓我們欣喜不已。

在這項實驗中，除了心理韌性，腦部訓練的成績也提升了。

所謂的腦部訓練，是讓受驗者配戴腦波儀器，一邊觀察腦波，一邊確認大腦的機能。之後，再觀察大腦的哪個部分、何時變得活性化？在什麼情況下，數值會提升？為什麼會提升？

大腦最高休息法：發呆

而最後的結論是，大腦休息的程度就是提升成績的關鍵。若中途完全沒有休息、持續不斷的訓練腦部，儘管受驗者的大腦機能會顯示相當高的數值，但實際表現卻沒有相對成長。

反之，若能透過適當的深呼吸、放鬆肩膀舒緩肌肉、甚至稍微發呆一下，其結果卻截然不同。

此時，大腦機能的數值時高、時低，表現成績卻大幅提升了。

前額葉是屬於大腦高階思考的部位，就算只有短時間運作，也會消耗掉大量的能量。因此，與其讓它持續不停的運作，倒不如適當穿插休息時間以利恢復，才是正確的方式。

讓前額葉休息最有效的方式，就是發呆。

這個時候，前額葉會進入「預設網路模式」（Default Mode Network），也就是在休息狀態中仍會保持活動。

而在預設模式下，大腦經常會發生靈光一閃的現象。

各位不妨回想一下，當你人在浴缸裡泡澡，又或者腦袋啥都沒想、隨意散步時，是否都曾經突然靈光一閃，想到什麼好點子？

所以，當你看到孩子什麼也沒做、在發呆時，若是斥責他「你在發什麼呆！」那可就大錯特錯了。

發呆的時候，孩子的前額葉正一邊休息，一邊蓄積能量。雖然看似什麼都沒在想（實際也的確沒在想），但大腦內部正在蒐集整理各種創意點子。

這時不妨就讓孩子好好發呆，促進心智腦的發育成長吧！

本章重點

- 心智腦會一直持續成長至十八歲，黃金期大約是十歲到十四歲。也就是，小學高年級到國中，這個時期的成長最為快速。
- 讓孩子想說什麼就說什麼，心智腦就能蓬勃發育、成長茁壯。
- 儘管孩子有時發言不當，透過討論，讓孩子學會客觀思考，他才能建立起正確的價值觀。

第 4 章

青春叛逆期，
重新育腦

讀到這邊，應該會有讀者驚呼：

「完蛋了，我順序都弄錯了！」

「孩子已經上小學，還來得及培育體能腦嗎？」

「我家孩子都快二十歲了，會太遲嗎？」

或許有些家長會如此擔心，但請放心。誠如我在序章所述，大腦擁有可塑性，是唯一直到死亡仍會持續成長的器官。

因此，不論幾歲、何時，都可以重新開始。快二十歲也好、成年人也好、國、高中生也都擁有改變的可能性。

我在本書中提過好多次，家長自己也要早睡早起、鍛鍊自己的心智腦，這正是我給已經成為大人的最有效建議。

接下來，在第四章，我將針對錯過育腦、已進入青春期或成年期的孩子，以及早就已成為大人的家長們，來談談如何重新開始育腦。

不管幾歲，都能重新育腦

在培育大腦時，不管年齡是幾歲，都應遵循「體能腦→智能腦→心智腦」的順序。

首先，要培養早睡早起的習慣，好好睡覺、吃飯，讓身體記住這樣的作息循環。

接著，溝通方式也要改變。若親子之間原本很少對話，就要增加對話的頻率，同時家長也要避免直接下命令或碎唸。

其中，最為重要的一點，就是**引導孩子說出來**；不要劈頭就否定，也不要修正講錯的內容，而是要讓孩子自由說出心裡話。

這看起來很簡單，實際上卻一點都不簡單。

尤其當孩子進入叛逆期，應該不少父母和孩子很少說話，有時甚至連交集都沒有。

在這個章節，我將針對這些困難提出有效的對應方式。

當孩子的學長（姐）

我前面強調過，不能強硬灌輸大道理，在面對進入青春期的孩子，家長更需要將這點放在心上。

「你這種態度，以後出社會肯定會吃虧！」

這種警告或許是正確的，但是聽在正值叛逆期的孩子耳裡，只會覺得爸媽很囉唆。

「我在你這個年紀，都已經會〇〇了。」

這種倚老賣老的方式，對孩子來說完全就只是挑釁。尤其高學歷的父母很常這樣訓斥，不可不慎。

當然，一定也有家長會說：「講歸講，但是看到孩子那副德性，我真的看不下去。」這種時候，不妨試著改變表達的方式。

不要站在家長或大人的立場，而是把自己當學長（姐）來說話。假設你的孩子正在念國中，不妨暫且想像自己穿越時空。

對這個年紀的孩子來說，很容易會想要反抗大人，但是學長姐卻會成為他們尊敬或憧憬的對象。試著想像一下，若成了孩子的學長或學姐，你會怎麼說話？

我相信，一定不會說：「不要只會打電動！」、「不讀書，你以後出社會怎麼辦？」明明想要表達的內容都一樣，其實可以試著說：「我之前心情不好的時候，都會讀這本書，滿有幫助的！」像這樣帶入自身經驗、拉近距離的說法應不難開口。

面對拒絕上學的孩子，與其訓斥大道理：「不上學，等你將來出社會一定吃大虧。」倒不如分享經驗，孩子還比較聽得進去。例如：

「我懂，我以前也很不想去學校，但是我那時候……。」

這個方法不僅能讓孩子願意聽話，還能幫助家長從原本的身分框架中跳脫出來，並且不再把孩子當成自己的附屬物。藉由這樣的轉變，只是當孩子的學長（姐），自然就能跟孩子對話。

也可以說，家長必須將孩子視為獨立個體，尊重孩子的個別意識。

求助專家

若孩子叛逆到幾乎無法正常對話，又或是長期繭居（按：泛指長期在家，不上班、也不工作）在房間完全不肯出來，這種情況建議求助於醫師或心理師專業。

越是激烈反抗父母的孩子，往往更願意聽取其他大人的意見。如果這位大人正好是專業人士，並且能夠提出有科學依據的說法，對十多歲的孩子而言，反而更有效。

拒絕上學、飲食障礙、繭居不出門等，陷入這些狀態的孩子們，其實對於自己的現狀也感到很不安。此時，若由醫師出面，告知孩子：「現在你的大腦並沒有在分泌血清素，所以你才會感到如此不安。」、「要好好維護血清素神經，必須……。」像這樣，清楚的說明原因，並提出具體的解決方法，通常更能激發孩子想要改變的意願。

曾有位暴飲暴食的男孩，醫師一邊看著他的血液檢查報告，一邊說：「你的〇〇數值是正常值的兩倍，〇〇是一．五倍。再這樣下去，很可能會演變成重大疾病！」孩子被這麼一說，第一次產生了危機感，終於開始願意改善飲食生活。

我在醫院的時候，發現有很多孩子，雖然無法對父母敞開心門，卻會向醫生傾吐心事。例如，在學校遇到不愉快的事、內心的祕密、心中一直放不下的事等。

只要孩子願意把埋藏在心中的想法說出來，都是改變的契機。除以之外，也可以向其他值得信賴的人尋求幫助。例如，小學時期或補習班的老師等，不妨讓孩子跟一直以來都很信賴、能讓他敞開心胸的大人好好談談吧！

最差的狀況是，孩子沒有可以訴說的對象，只能繼續關在家裡。

越是個性認真的人，越容易陷入孤軍奮戰的困境。尤其是不少媽媽，即使遇到困難，也不願意與丈夫商量，寧可獨自承受重擔。

這樣的案例其實非常普遍。

我在上一章也提到，遇到困境時能否向外求助，是非常重要的分水嶺。當父母接受他人的幫助時，如果能表達出正向的回饋，孩子就能認知到——原來我可以向外尋求幫助，這也就是所謂的社會支持。

如此一來，彼此的心理韌性都能大幅成長。

靠興趣，找回自我的少女

以下再與大家分享一則案例。

這是一位在逆境中展現飛躍性成長的女孩。

這位女孩子是高中二年級的學生，但她拒絕上學其實已經很長一段時間。她第一次來到機構，整個人很不安，據說是費了好大一番工夫，才終於肯走出家門。

在諮詢的過程中，幾乎不開口的她，唯一願意說出來的，是與動畫角色相關的話題。

原來女孩的爸爸是個動漫迷，小時候她常跟爸爸一起去參加動漫展、動漫秀。一直沒辦法好好去上學的她，想起這段往事，便興起了想要學畫動漫的興趣。

「不去上學只畫畫，這樣真的好嗎？」聽到女兒這麼說，雙親都面露不安。不過，後來女兒不斷練習，不僅能自己構思劇本，陸續畫出許多作品，還參加了同人展，販售自己的創作。

之後，慢慢累積粉絲，這也讓女兒漸漸變得有自信。到後來，女兒主動表示想繼續念高中，並準備報名函授制高中（按：日本拒學、社會人士拿高中畢業證書的管道），以及從現就讀學校轉學。

原本足不出戶的女兒能有這樣的轉變，她的雙親都驚訝不已。

為什麼女孩會有如此劇烈的改變？

我想，首先是因為她有自己的興趣，以及願意親身去體驗。當自己擁有別人所沒有的知識或技能，這就幫助她找回了自信。

還有一點，就是在同人展上，與他人互動交流。例如：網友透過社群網路看到作品，成了她的粉絲，還有人特地遠道而來。即使雙方是第一次見面，依然能聊得很開心。

與他人交流所帶來的成就感，還有聽到對方對自己說謝謝時，所感受到的情緒，這些都成了支持她日後與外界連結的強大力量。

大人要先處理自己的壓力

育兒科學軸心的創立主旨，在於支援所有家長。首先，家長需要建立「育兒＝育腦」的正確概念，並且從改變自身想法、重整生活，引導孩子往更好的方向邁進。

由我們指導與編輯的指南手冊「育兒培訓」（Parenting Training），其中就提到了「訓練自己，學習與壓力和平共存」。

同樣的，想要提升孩子的抗壓性，父母首先要帶頭改變。詳細內容請參考我的另一本拙作《讓孩子的大腦更發達，家長的育兒培訓》（共同執筆：

上岡勇二），以下就先簡單介紹一下。

①察覺自己的身體是否發出警訊

父母的壓力或情緒會影響孩子，然而很多家長卻忽略了自己其實已累積太多壓力。

當壓力過大時，身體會出現某些症狀。

例如：心跳加速、呼吸急促，以及腰痛、頭痛、肩膀僵硬等。除了注意自己身體的變化，也要好好釐清自己的壓力來源。

②先制定因應策略

所謂的因應策略，就是面對壓力時的紓壓方式。透過方法①了解自己的壓力特性，再進一步找出能減輕壓力的方式。為自己準備越多因應策略越好，多多益善。

③ 與孩子分享

與孩子分享自己釋放壓力的經驗。例如：「今天上班事情好多，肩膀跟腰都僵硬到不行。下班後，我去按摩了一下，整個身體變好輕鬆！」

像這樣，與孩子分享如何感受壓力、解除壓力。

④ 注意孩子的壓力訊號

身為家長，必須仔細觀察孩子是否壓力過大。因為孩子自我察覺的能力還不足，所以當你發現他的身體出現壓力訊號時，可以主動提出緩解壓力的方法。

例如：「我們開車去兜風吧？」當孩子出去玩，感受到心情變輕鬆，他就能認知到——原來這樣做，感覺會好很多。

此外，也可以教孩子一些簡單的放鬆方法，並分享家長自身的經驗，這樣效果會更好。

紓壓方法，越簡單越好

父母分享的對抗壓力策略，能幫助孩子找到適合自己的紓壓方式，並學會自行調節情緒。在孩子面對充滿壓力的青春期時，這將會成為他們內心強而有力的支柱。

各位讀者注意到了嗎？

上述這套流程，其實與育腦的順序息息相關。

察覺自己身體的壓力警訊，這是屬於體能腦的領域。體能腦越茁壯，察覺的能力就會越好。基本上，若平常的身體狀況就很差，當然很難察覺自己的壓力來源。

再來，由父母教導因應壓力的策略，這是屬於吸收知識的智能腦的領域。以此為基礎，孩子可利用自己的心智腦，來紓解壓力。

建立這套觀念後，不管孩子到了幾歲，即使體能腦的發育尚未完善，也可以從早睡早起開始著手。

在分享經驗時，為了家長自己、也為了孩子，我建議方法越多越好。尤其是，馬上就能做到的技巧。大人的常見紓壓方式，如喝酒、跟朋友吃飯、泡澡等，往往需要花費時間或金錢。但其實最有效的紓壓方式，多半是在感受到壓力的當下，立刻就能做到的事。例如：深呼吸。

還有，放鬆緊繃的肌肉。將手抬至水平位置，用力伸直並握拳大約十秒，然後慢慢放鬆。先用力再放鬆，如此就會感受到手臂及手腕的肌肉逐漸放鬆。以此為要領，上臂、肩膀、脖子等全身的肌肉，都可以透過這種方式來舒緩、排除緊張。

總而言之，請務必多方嘗試，並與孩子分享，幫助他們找到適合自己緩解壓力的方法。

認同比稱讚更好

坊間的育兒書大都會提到用讚美來育兒，但事實上，讚美並非只有優點，也有一些難以忽視的缺點。

比方說，家長常常會用「數字」稱讚孩子。例如：考試得分、聯絡簿上的評語、運動或鋼琴比賽得獎等。雖然這些確實值得稱讚，但如果只有稱讚，反而可能會造成孩子缺乏安全感，甚至擔心：「如果我沒有繼續拿到好成績，爸媽就不會喜歡我了。」

越是年幼的孩子，越會擔心主要照顧者突然消失（按：亦即分離焦慮）。孩子大約兩歲左右，會開始對身邊的人（通常是父母）撒嬌，也會漸漸出現分離焦慮。

第一次送孩子去幼兒園或托兒所時，孩子通常會大哭，這也是因為孩子擔心爸媽會拋棄自己、缺乏安全感。但是，等到下課家長來，孩子便會感到安心。

這個過程反覆持續一段時間後，幼兒期的不安全感會逐漸消失。

不過，偶爾也有少數孩子，到了國小、國中、高中，仍然缺乏安全感。

這是因為，在成長過程中，家長大多只給予讚美。

例如，你好聰明、你好可愛、你好厲害、你好棒。但這些稱讚話語，孩子卻會解讀成：「如果不是這樣，父母就不會愛我」。儘管父母從沒說過那種話、也從未那麼想，但孩子卻可能會這樣理解。

當這種不安全感過於強烈時，孩子很可能發展出負面行為，例如繭居或暴力傾向、厭食或暴食。

那麼，家長到底該怎麼做才對？

比起稱讚，不如給予認同。

稱讚，是因為孩子做了某些良好的行為或展現優點、長處，但是認同則是無條件完全接受孩子的存在。

「這很像你」、「原來你在想○○」、「原來你是這麼想的」，單純表示認同即可。

不需要刻意做出好或壞的評價，只要讓孩子感受到——爸媽知道你就是這樣的孩子」就足夠了。

他考差了，你該怎麼回應？

另一方面，或許孩子的表現不夠好——例如**考試成績差，也要給予孩子認同**。

以前，我家女兒小學數學考試只拿了四十分。

我當下並沒有責罵女兒，而是說：「哇～四十分耶！」

這個反應就是單純說出事實＝認同（見左頁圖表4–1）。

圖表 4-1　考試考差，也要給予認同

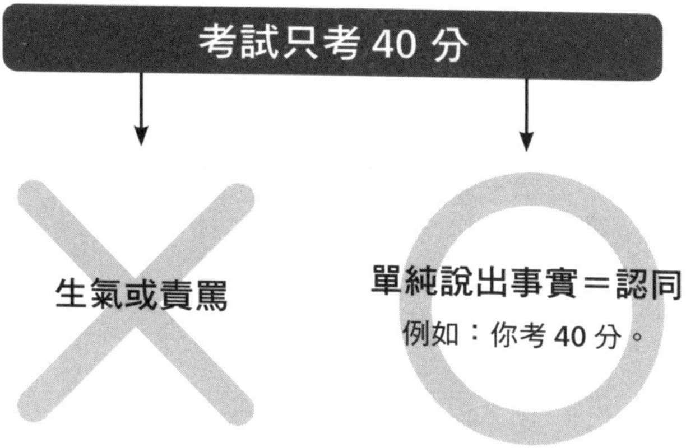

我記得，當時丈夫也跟我一樣，說：「要考到這個分數也不容易！」這是指看到這種分數不常見，並沒有去評價好壞。

我們想傳達的是：「不管考好考壞，分數都沒有比妳重要。」

而我們的這份心意，正是她自我肯定的重要基石。

一般人常認為，自我肯定感是建立在優點或長處上，但這只是一種單方面的解釋。事實上，**接受自己的不完美，也是一種自我認同。**

為了提升孩子的自我肯定感，

許多家長會拚命找出孩子的優點、長處，然後不斷的稱讚：「要有自信！你明明很擅長〇〇！」、「就算〇〇做不到，但〇〇你做得到的，不是嗎？」

然而，這些話也代表：你認為孩子「做不到〇〇」。

不管孩子多麼努力發揮長處，「萬一我不會，爸媽就會不喜歡我」這股不安全感、壓迫感也不會消失。

如此一來，別說提升自我肯定感，反而情緒容易低落。

真正的自我肯定，是坦然接受自己的缺點。為此，父母也要展現出淡定態度，這點非常重要。

更重要的是，父母也要接受自己的不完美。不需要認為這樣很丟臉或是擔心自己會被小孩看扁。大大方方的接受自己的缺點，接受完整的自己吧！

現在坊間的育兒書，寫到關於責罵的部分，就跟讚美一樣，都有點太過偏頗。

該罵就罵

「不可以責罵孩子、也不可以體罰，這會造成孩子的陰影。」

讀到這些說法，應該不少父母都會感到擔心吧。

但是，我認為不需要太過神經質，視情況責罵也沒關係，若是孩子做出攸關生命安全的不當舉動，適當的處罰也無不可。

至於標準，就是前面我所提到的軸心（請參考第一五一頁）。以攸關生命安全為前提，制定兩條到三條家規，當孩子違反家規時就會遭到家長的嚴厲責備。先與孩子明言約定，當他因違反約定而被責罵時，才會心服口服。

尤其，當孩子做出攸關生命安全的錯誤行為時，家長更應該嚴厲指責。

例如，當孩子在紅燈時突然跑到大馬路，就不適合溫柔勸說。要根除孩子的壞習慣、甚至讓他徹底記住不能再犯，我認為處罰或責罵仍有其必要。

這時，父母應該讓孩子明白——「我不允許任何會危害到你生命的事發生」。我相信，沒有孩子會因為接收到這種訊息，而產生心理陰影。

反過來說，只要不違反軸心，就沒有必要責罵。

「又把房子搞得亂七八糟！」

「我要講幾次你才會去寫功課！」

「為什麼這麼簡單都不會寫！」

很多父母都會這樣訓斥小孩，但其實這些事做不好，子女也不會有生命危險。家長們若是一味的講這些大道理，反而會把孩子逼到無路可走，不可不慎。

育腦沒有性別差異

經常有人問我：「男生與女生，育腦的方式有沒有不一樣？」

大腦有分男人腦與女人腦[1]，這話題在九〇年代一度蔚為風潮，現在也時常被拿出來討論，但經研究得知，其實大腦對於人格發展並沒有影響。

大腦這個器官本身並沒有性別之分，唯一的差異只有「胼胝體」（corpus callosum），也就是連結左右半腦、大腦中最大的神經纖維。而女性的左右腦之間連結的神經纖維束比男性多。

因此，**女性**的左右腦情報交換比較頻繁，亦比較**擅長一心多用**；而**男性**

---

1. 源自美國醫學博士盧安・布里曾丹（Dr. Louann Brizendine）的研究。

則比較傾向一次做好一件事。

儘管如此，但這世界仍然有女性擁有高度集中力，也有擅長一心多用的男性。換句話說，**育腦這件事並沒有性別差異，只有個人差異**。

但是，在嬰兒期階段，唯一的建議就是，如果是男孩子，可以在說完整句子這方面多下功夫。

一般來說，在語言方面，男生的發展會比較慢。家長可以注視嬰兒的眼睛，張大嘴型對寶寶說話，刺激專司語言發展的腦部區域。

另一方面，不帶性別差異的育腦方式還有一項優點。

在亞洲國家，經常可以看到父母只教女孩子做家事，而男孩子則完全不用，這多半是「家事是女人的事」的刻板印象在作祟。

但是，誠如本書所述，要培育智能腦，讓孩子做家事也非常重要。只有男孩子被剝奪培育的機會，以育腦的觀點來看，這也是一種「不平等」。

還有，我偶爾也會看到女孩子被要求必須一心多用，而男孩子則被要求必須對某件事專心一意。我認為，教育不應該依照性別，而是依每個人的個性及長處來因材施教。

比方說：擅長集中注意力的人，可以專注去做喜歡的事；擅長一心多用的人可以一邊做家事，一邊聊天，這樣才能讓當事人的能力，得以發揮甚至更加成長。

同時，我也建議**偶爾讓孩子體驗一下「角色交換」**。例如：讓專注集中型的孩子挑戰一心多用、讓一心多用型的孩子挑戰專心只做一件事；訓練孩子用不擅長的方式，也要能做到及格的程度，這也不失為一個好方法。

某天，有位兩個男寶的媽媽對我這麼說：

「都沒有時間好好照顧老大，我覺得他好可憐。」

這位媽媽自從生第二胎之後，一直對忙著照顧弟弟、沒時間好好照顧哥哥而感到愧疚。

手足不平等很正常

我給了兩個建議。第一，**不要覺得孩子很可憐**。因為當媽媽自己這樣想，孩子也會覺得自己很可憐。

孩子難道會覺得自己很幸福嗎？應該很難，反而會因此認為爸媽覺得我很可憐，我一定是個不幸的人。

以醫師的角度來看，我一點都不覺得哥哥可憐，我反而會認為父母忙不過來，正是促使哥哥學習自立的大好機會。

第二，**不需要在意手足之間的不平等**。

因為手足之間的年齡差和照顧時間不同，付出程度不同是很正常的。因此，不需要刻意強調公平。

一旦理解這一點，父母的用字遣詞也會有所改變。例如，對哥哥會說：

「很幸運吧！因為你有一個這麼小的弟弟，所以將來你當爸爸一定也很會帶小孩！」對弟弟則說：「很幸運吧！你有一個這麼好的哥哥！」

小孩子很單純，被說可憐他就會當真，被說幸運也是。尤其爸媽怎麼說，他就會認為自己是什麼樣的人。

「幸運」變成了魔法咒語。

當孩子認定自己是個幸運的人，未來他在人生路上不論遇到什麼樣的困難，他肯定都能從中找到幸運的元素，幫助自己度過難關。

或許從旁人看來毫無邏輯可言，但只要能幫助當事人度過難關就夠了。而讓孩子擁有這樣的素質，就是父母的任務。就算狀況再悲觀，開口第一句話也要說：「真幸運！」

比起說可憐，多說幸運，才能幫助孩子過上更好的人生。

不要在孩子面前吵架

在育兒方面，夫妻彼此能溝通是再理想不過。

然而，天底下應該沒有不吵架的夫妻吧？

吵架時，人類的前額葉會活化。彼此都為了反駁對方而絞盡腦汁，大腦可說是全力運作。因此，當雙親吵架時，孩子反而有了**臨場的學習機會**。

但唯一的例外，就是夫妻為了孩子吵架，這會讓孩子陷入痛苦。**夫妻之間就算育兒方式不同，也不要在子女面前吵架**。

其他的爭吵，則沒有必要刻意隱瞞。更進一步的說，隱瞞夫妻吵架，反而對孩子更不好。

最糟糕的是，在孩子面前假裝感情很好。

很多夫妻明明關係已經降到冰點，卻為了孩子刻意假裝幸福圓滿，但小孩子的直覺其實很敏銳，往往能感受到家庭氣氛的微妙變化。

比如，在餐桌吃飯時，爸媽還會和氣交談，但眼神卻完全沒有交集。一旦察覺到這些小細節，孩子就會產生強烈的不安全感，進而認為父母在說謊，從此產生不信任感。

與其造成孩子的壓力，不如對孩子說清楚、講明白。例如，爸媽意見不合、媽媽覺得爸爸的想法是錯的。

當然，聽到父母這樣說，孩子也會感覺受傷，但對孩子來說，這是很重要的社會學習。在家庭這個社會中，也會發生人際關係問題，父母必須讓孩子明白這一點。

千萬不要為了孩子勉強維持婚姻，而是誠實以對，告訴孩子爸媽已經沒有辦法一起生活，然後向孩子表達歉意。

雖然孩子會感到難受，但這種經歷也是人生中非常重要的一部分。

育兒，不是只有媽媽與孩子

最後，我希望大家可以再度思考，關於「名為家庭的社會」。

本書的內容都是針對正在育兒的父母所撰寫，但實際會拿起本書閱讀的人，可能還是媽媽比較多。

拿起本書閱讀的媽媽，請妳想一想，妳是否總是一肩擔起育兒工作？「我實在很想早點哄孩子睡覺，但爸爸是豬隊友。」是否像這樣認為育兒都應該按照自己的想法？

現在，有很多媽媽會把爸爸排除在外，甚至敵視。而這種媽媽會經常對孩子說：「你爸爸真的很糟糕，千萬不可以學他。」

然而，如果孩子從小接受這樣的價值觀，進入青春期之後，他們可能會輕視自己的父親。結果，就常常會聽到「女兒完全不聽父親的話」、「兒子瞧不起爸爸」這類的抱怨。

如果你也有上述狀況，不妨從現在開始修正家庭的相處模式。所謂的家庭，父親、母親、子女都應該被賦予同樣重要的角色，彼此互相協助讓家庭順利運作。現在有很多雙薪家庭，每個人都不該口出惡言，而是要說「感謝」才對。

若媽媽仍然認為老公很糟糕，例如：一回家，衣服脫下來都亂丟，不妨這樣想：一間公司總會有各式各樣的人，自以為了不起的上司、態度惡劣的後輩等。但為了工作，大家多少會睜一隻眼、閉一隻眼。搞不好別人對你也是這麼想的。

將這份「寬容」帶回家吧！

不論什麼樣的父親、母親甚至孩子，肯定都有其缺點。這些不完美的成員一起肩並肩共同生活，就是名為家庭的社會。

所以，在家裡就別再講大道理，讓我們開始學著放下。

習慣早睡早起的家庭，爸爸偶爾睡過頭也沒關係，可以對孩子說：「爸爸昨天實在太晚回家了，偶爾這樣也沒辦法。」

沒錯，雖然我在這本書一直提倡早睡早起，但是我也非常清楚，要每天做到非常困難。不過，只要大致上能維持早睡早起的步調，偶爾的「特例」是可以接受的。

認同每位家人的缺點，接受每個家庭成員的不完美，就算做不好，也能善盡自己的家庭職責——只要能保持這樣的心態，相信一定可以從育兒煎熬中畢業。

本章重點

- 不要站在家長或大人的立場，而是把自己當學長姐（來說話）。
- 認同比稱讚更好，表現不好，也要予以認同。
- 大腦發育沒有分性別，只有個體差異。

國家圖書館出版品預行編目（CIP）資料

我是醫師，我的孩子不上才藝班：排滿安親、才藝課導致孩子拒絕學習。成長需要「三大腦」，不用超前學習就能辦到。／成田奈緒子著；黃怡菁譯. -- 初版. -- 臺北市：大是文化有限公司, 2024.12
208頁；14.8×21公分. --（Style；98）
譯自：子育てを変えれば脳が変わる こうすれば脳は健康に発達する
ISBN 978-626-7539-20-0（平裝）

1. CST：育兒　2. CST：健腦法　3. CST：子女教育

428　　113012341

Style 098

我是醫師，我的孩子不上才藝班

排滿安親、才藝課導致孩子拒絕學習。
成長需要「三大腦」，不用超前學習就能辦到。

作　　者｜成田奈緒子
譯　　者｜黃怡菁
責任編輯｜黃凱琪
校對編輯｜林渝晴
副總編輯｜顏惠君
總 編 輯｜吳依瑋
發 行 人｜徐仲秋
會 計 部｜主辦會計／許鳳雪、助理／李秀娟
版 權 部｜經理／郝麗珍、主任／劉宗德
行銷業務部｜業務經理／留婉茹、專員／馬絮盈、助理／連玉
行銷企劃／黃于晴、美術設計／林祐豐
行銷、業務與網路書店總監｜林裕安
總 經 理｜陳絜吾

出 版 者｜大是文化有限公司
臺北市100衡陽路7號8樓
編輯部電話：（02）23757911
購書相關資訊請洽：（02）23757911　分機122
24小時讀者服務傳真：（02）23756999
讀者服務E-mail：dscsms28@gmail.com
郵政劃撥帳號：19983366　戶名：大是文化有限公司

香港發行｜豐達出版發行有限公司　Rich Publishing & Distribut Ltd
香港柴灣永泰道70號柴灣工業城第2期1805室
Unit 1805, Ph. 2, Chai Wan Ind City, 70 Wing Tai Rd, Chai Wan, Hong Kong
電話：21726513　　傳真：21724355
E-mail：cary@subseasy.com.hk

封面設計｜FE設計
內頁排版｜黃淑華
印　　刷｜鴻霖印刷傳媒股份有限公司

出版日期｜2024年12月　初版
ISBN｜978-626-7539-20-0
電子書ISBN｜9786267539170（PDF）
9786267539187（EPUB）

Printed in Taiwan
定價／新臺幣399元
（缺頁或裝訂錯誤的書，請寄回更換）